U0155736

"像"死而生
生物们的奇妙战略

[日] 宫竹贵久 / 著

朱悦玮 / 译

贵州出版集团
贵州人民出版社

SHINDAFURI DE IKINOBIRU: IKIMONOTACHI NO KIMYO NA SENRYAKU
by Takahisa Miyatake

© 2022 by Takahisa Miyatake

Originally published in 2022 by Iwanami Shoten, Publishers, Tokyo.

This Simplified Chinese edition copyright © 2024 by Light Reading Culture Media (Beijing) Co., Ltd.
by arrangement with Iwanami Shoten, Publishers, Tokyo.

All rights reserved.

著作权合同登记号 图字：22-2024-017 号

图书在版编目（CIP）数据

"像"死而生：生物们的奇妙战略 /（日）宫竹贵
久著；朱悦玮译. -- 贵阳：贵州人民出版社，2024.5
（N 文库）
ISBN 978-7-221-18303-3

Ⅰ.①像… Ⅱ.①宫… ②朱… Ⅲ.①昆虫 - 动物行
为 - 普及读物 Ⅳ.① Q968.1-49

中国国家版本馆 CIP 数据核字 (2024) 第 079884 号

"XIANG" SI ER SHENG : SHENGWUMEN DE QIMIAO ZHANLUE
"像"死而生：生物们的奇妙战略
［日］宫竹贵久 / 著
朱悦玮 / 译

选题策划	轻读文库	出 版 人	朱文迅	
责任编辑	杨 礼	特约编辑	姜 文	

出 版	贵州出版集团 贵州人民出版社	
地 址	贵州省贵阳市观山湖区会展东路 SOHO 办公区 A 座	
发 行	轻读文化传媒（北京）有限公司	
印 刷	北京雅图新世纪印刷科技有限公司	
版 次	2024 年 5 月第 1 版	
印 次	2024 年 5 月第 1 次印刷	
开 本	730 毫米 × 940 毫米　1/32	
印 张	4.5	
字 数	76 千字	
书 号	ISBN 978-7-221-18303-3	
定 价	25.00 元	

关注轻读

客服咨询

目录

插图：何森　要

（いずもり　よう）

前言

"一到家就看到妻子在装死""想在上司面前装死"……大家可能都听说过这样的笑话吧。1986年，中曾根内阁计划参众两院在同一天选举，但由于在野党的反对，临时国会无法召开。于是在议长接待室，议长宣读了解散诏书，解散了众议院。这就是著名的"假死解散"。可见上至国会议员下到普通百姓，"假死"在生活中很常见。

回顾历史，就会发现历史上很早就有关于假死的记录。日本战国时代，很多下级武士都因为假死而捡回一条命。古往今来，到处都有假死的存在。当然，假死并不是人类的特权，许多动物也会假死。自古以来就有许多动物为了生存下去而进化出了假死的本领。

让我们将目光转向科学的世界。最早在报告中提到动物假死现象的，是以提出进化论而闻名于世的查尔斯·达尔文。他在1883年的一篇文章中就有关于假死的记录。1900年，让-亨利·法布尔对甲虫的假死现象进行了仔细的观察并记录在其著作《昆虫记》中。但法布尔似乎对假死是否能够逃脱敌人的追杀心存疑问。

从那以后，科学家虽然也对此展开了诸多的研究，但并没有充足的数据可以证明假死能够真实有效地提高生物的生存率。

2004年，笔者率先通过科学的方法证明了"假死"是真实有效的生存战略。以此为契机，全世界的科学家积极地展开了对假死的研究，并且发现假死在生物生存的诸多方面都是有意义的行为。假死不仅能够帮助生物摆脱敌人的追杀，还能在许多情况下保护生物的生命。比如为了摆脱雄性的骚扰而假死的蜻蜓、为了不被雌性吃掉而假死的蜘蛛、为了保护种群而假死的蚂蚁，等等。

1997年，我作为冲绳县的研究员，参与了彻底根除南部岛屿的害虫甘薯小象甲的项目。在项目执行期间，我发现当用手指碰触到甘薯小象甲时，它会立即摆出很夸张的姿势，一动不动地装死。这也是我第一次真正接触到动物的假死行为。

但因为我当时的主要工作任务是根除害虫，所以即便对假死现象很感兴趣，也不能在工作时间展开研究。于是被这奇妙的现象深深吸引的我只能利用周六、周日的休息时间偷偷做实验。与此同时，我也开始查阅与动物假死行为相关的文献和资料。从那时开始直到今天，我对假死的研究已经持续了二十五年。

动物的基本行为之一就是"动"。但在"动"这一基本行为的背后，自然也存在着"不动"。那么，决定动物"动"和"不动"的主要因素究竟是什么呢？本书首先将为大家概括之前科学家对各种各样生物"假死"的研究史。然后对我过去二十五年来，在诸多共同研究者和学生们的共同努力下，针对"为什么动物会假死"这一问题展开的研究进行回顾。

通过对"假死"的研究，我们窥探到"动与不动"这一生物基本战略的奥秘。生物的繁殖、寿命、生活史、多巴胺、控制不动时间的遗传基因、昆虫的行动方法，甚至帕金森综合征，各种各样的生物现象都与假死这一行为有关。本书将详细解说发现假死意义的过程，最后也将阐释研究假死这一行为的意义。

Chapter
01
为什么有这么多生物会假死？

很多动物在感觉到威胁时会停止一切活动，让敌人难以发现自己，这被称为静止不动。虽然这样做是为了找机会逃跑，但如果继续受到敌人的进攻，有一些动物就会彻底放弃抵抗，摆出一种非常独特的姿势假装死亡（假死）。

可能有人会说，不就叩头虫和锹形虫会假死吗？以前我也是这么认为的，但这其实是完全错误的想法。很多动物，比如猪、鸡、鲨鱼、青蛙，甚至蛇全都会假死。

从水蚤到哺乳类
都会假死

到目前为止，人类发现许多种类的动物都会假死。在本节中，我先为大家介绍一下都有哪些种类的动物会假死。

首先来看哺乳动物，除了人类，负鼠以假死而闻名。在英语中，装死又被称为 playing possum（字面意思是扮作负鼠）。负鼠遭到天敌的袭击时就会装死，甚至会散发出臭味。因为我没有闻到过负鼠假死时发出的臭味，所以无法更具体地描述，但据说这种臭味与动物尸体腐败时散发出的臭味很相似，会让想要捕食负鼠的天敌失去继续捕食的兴趣。

人类对负鼠装死行为的研究颇有历史，关于这一奇妙行为的报告最早可以追溯到1937年。负鼠在装死时会躺在地上一动不动,瞪着眼睛、张开嘴巴。只有耳朵会对尖锐的声音产生细微的反应。1969年的论文中有关于人类碰触假死负鼠的记载,人们试着按压或吹气,但负鼠没有任何反应。

有些地区的猪也有假死的情况,有些地区的羊在受到惊吓时也会突然昏厥,一动不动。这种动物在受到某种刺激之后突然一动不动的现象一般都统称为假死。

除了哺乳类,鸟类、两栖类、鱼类、爬行类、甲壳类、蜱螨类、昆虫类等都有假死的情况,可以说动物界充满了会假死的生物。

本书书末总结了到目前为止人类观察到的所有会假死的动物种类及其出处。

可能很多人都没想到竟然有这么多物种都有假死行为吧,但换个角度来看,只要对这个列表中没有记录的物种进行观察,或许就能成为世界上第一个发现那个物种也有假死行为的人。

接下来看一看哺乳类之外的假死行为吧。在鸟类中,鸡的假死最为著名。有趣的是,鸡的假死行为一般是在夜间出现的,因为鸡在夜间经常被野狗袭击。曾经有观察报告记录,被狗咬住的鸡会突然全身无力,一动不动,狗则会因为受惊而放开嘴里的猎物,鸡就趁此机会逃之夭夭。后文中会提到,人类过去研究假死现象时，观察对象通常是鸟类，最常用的是鹌鹑。

在两栖类中，许多种类的青蛙都被发现有假死行为。2010年发表的一篇论文对83种青蛙进行了调查，结果发现约60%（48种）无毒青蛙和约30%（25种）有毒青蛙都有假死行为。在关于青蛙的专业杂志上，来自世界各地的青蛙假死行为新报告仍然层出不穷。可能很多人听说过日本雨蛙的假死行为，将日本雨蛙放在掌心，如果用手指碰它的肚子，有的日本雨蛙就会假死。看起来非常可爱，大家不妨试一试（★1-1）。

★1-1 （上）负鼠和（下）日本雨蛙的假死行为

Chapter 01 为什么有这么多生物会假死？

在爬行类中，被研究最多的当数蛇。美国研究人员用幼蛇做了许多动物行为学相关的研究，主要针对假死与温度和活性之间的关系，以及怎样的刺激会引发假死等。最近对蜥蜴假死行为的研究也越来越多。

鱼也有假死行为。其中最让人意想不到的是鲨鱼。人们发现，成年体重能达到100千克的真鲨和长度能达到1米的拟皱唇鲨都有假死行为。豹纹鲨甚至会翻过身来肚子朝上，一动不动地假死。但鲨鱼位于海洋生物链顶端，天敌少之又少，它们的假死行为究竟有什么意义呢？虽然逆戟鲸和海狗有时会袭击鲨鱼，但用假死的方法真的能从这些嗅觉灵敏的捕食者手中逃脱吗？这里面还有许多谜团没有解开。

生活在墨西哥阿梅卡河的鳉鱼、盖斑斗鱼等鱼类，受到刺激后就会一动不动。非洲坦葛尼喀湖的一些鱼类会通过假死迷惑猎物，趁猎物放松警惕时进行捕食。

许多节肢动物都有假死行为。2021年，科学家证实了水蚤的假死行为。研究人员详细分析了三种水蚤的假死行为，发现水蚤会通过假死躲避蜻蜓幼虫的捕食。

对昆虫的研究最多

虽然许多动物都有假死行为，但人类最多的假死研究对象还是昆虫。昆虫总共有31个目，已发现10个目有假死行为。这10个目分别是蜻蜓目（成虫、幼虫）、襀翅目、直翅目、竹节虫目、螳螂目、半翅目、鞘翅目（成虫、幼虫）、鳞翅目（成虫、幼虫）、膜翅目、脉翅目。最近，我所属的研究室的学生发现长翅目幼虫也会假死，因此10个增加到11个。

如果大家能在剩余的20个目中发现会假死的昆虫，那将是现阶段（2022年9月，据我个人了解）的最新发现。虽然大千世界无奇不有，但据我所知，研究假死的学者全世界只有不到20人，所以有新发现的可能性是很高的。

蝽虫也会假死。有两种行动缓慢的吸血蝽虫会利用假死躲避鸟、老鼠、蜥蜴、青蛙等敌人的捕食。但蝽虫在吸不到血、肚子空空的时候就不能假死。这是2021年美国研究者发表的论文中提到的最新发现。

小时候玩过西瓜虫的读者应该知道，当你用手碰触西瓜虫的时候，它就会蜷缩成一团然后静止不动。因为这也是受到刺激后摆出的一动不动的特殊造型，所以也可以说是一种假死。但雌性西瓜虫在即将产卵时无法将身体蜷缩成一团，也就无法假死。

混乱的定义

正如前言中提过的那样，在达尔文和法布尔考察了假死现象之后，对这一现象的研究主要由昆虫学家们展开。昆虫学家并没有称其为"假死"，而是称为"紧张性静止"和"僵直"，并且开始研究"不动"的机制。在普通人看来，动物的假死似乎是一种下意识的行为。昆虫学家却着眼于身体末梢神经和肌肉的运动机制。因为如果假死是一种下意识的行为，那就必须将研究的重点放在大脑上，而从目前的人类科研水平来说，显然还无法研究昆虫的大脑。

另外，动物行为心理学家将鸟类因为感到恐惧而身体僵硬一动不动的状态称为"僵直现象"，将假死看作其他的不动现象。那么，动物一动不动的状态，究竟是假死，还是僵直现象呢？要想回答这个问题，首先就要搞清楚动物一动不动，究竟是因为知道只要自己装死就能躲避敌人的猎杀而下意识地"故意"一动不动，还是单纯无意识的条件反射[1]。

1　在不同的专业研究领域，对动物暂时一动不动的现象的表述也是不同的。机制研究者们经常用tonic immobility（强直性不动）和thanatosis（装死）来描述，而行为心理学研究者们则常用animal hypnosis（动物催眠）和catalepsy（僵直）。最近，有英国的行为学家表示应该采用post-contact immobility（接触后不动）的说法。因为无法分辨动物究竟是主动（假装）进入一动不动的状态，还是被迫进入一动不动的状态，所以定义假死变得更加复杂。

许多行为学研究者认为，在被捕食一方的动物采取的一系列生存策略中，最先出现的是僵直，最后演变成了假死。但根据最近研究，僵直和假死之间存在无法连贯的情况（详见第4章的说明）。综上所述，我认为关于假死行为的用语和定义非常混乱。

总之先将这些问题放到一边，本书为了便于读者理解，将假死定义为"动物在受到外界刺激时，在一定时间之内摆出独特的姿势且一动不动的行为"。这样至少可以将假死与不会摆出独特姿势的僵直区分开来，同时也不用去考虑究竟是有意识的行动还是无意识的行动这个复杂的问题。

假死真的能摆脱
被捕食的下场吗?

1883年，查尔斯·达尔文在《关于本能的简报》中这样写道："动物会装死。对生物来说，这种未知的状态是一种令人惊讶的本能……昏迷和因为过度恐惧而麻痹被误以为是装死的情况确实存在。"据我所知，这是世界上第一次对动物的假死进行科学考察的文章。

后来，法布尔观察了昆虫的装死行为后，将结果记录在了1900年出版的《昆虫记》中，并单独用一章的篇幅介绍。法布尔先将一只大头黑步甲放在桌子上，通过用手指刺激使其装死，然后观察它什么时候恢复正常。法布尔似乎对甲虫装死的持续时间很感兴趣，通过改变实验日期、调整实验温度等方法进行了各种各样的实验，但还是没搞清楚究竟是什么因素决定了装死的持续时间。

接下来，法布尔把一只体形稍小的大头黑步甲放在桌子上使其假死，又在旁边放了一只体形较大的红缘绿天牛。就在体形较大的红缘绿天牛靠近大头黑步甲的一瞬间，体形较小的大头黑步甲一下子翻起身逃跑了。看到这一现象，法布尔顿时有些失望，毕竟这种危急关头不正是应该假死的时候吗？法布尔越来越搞不懂假死对甲虫来说究竟有什么作用了。后来他又做了各种各样的实验，但始终没能得出让他满意的结果，最后他在这一章的结尾写道："总之，没有任何昆虫指南可以让我们事先就能断定，某种昆虫喜欢装死，某种昆虫不太愿意装死，某种昆虫干脆拒绝装死。如果不经过实验就先下断言，那纯粹是一种主观臆测。"

不管是达尔文还是法布尔，都认为假死应该是动物为了躲避敌人的捕食，或者因为遭到敌人的袭击感到恐惧而产生的行为。在他们之后的研究者也接受了他们的这一观点，认为假死就是躲避捕食者的战略。

但假死真的是为了躲避捕食者才进化出来的能力吗？为了彻底解开这个谜团，科学家展开了三个相关研究。

第一个是1975年在美国北达科他州进行的研究。研究结果表明，在50只鸭子中，有29只装死的鸭子在红狐狸的袭击下顺利逃脱。第二个是在美国宾夕法尼亚州进行的研究，让4只家猫去袭击32只鹌鹑，结果在16次袭击中，有14次家猫只袭击了移动的鹌鹑，而一动不动的鹌鹑全都毫发无损。第三个是在鸡的旁边摆放秃鹫等猛禽或猛禽类的眼睛图片，会让鸡的假死时间比平时更长。这三个研究都是在尽可能模仿野外环境的条件下进行的，也证明了假死作为躲避敌人袭击的战略具有一定的作用。

然而这些研究使用的都是相同的个体，而且样本数量太少，并没有对假死是因为一时的紧张，还是因为遗传的变异和进化这一问题进行更加深入的研究。也就是说，仅凭这些研究结果，无法证明假死是生物为了生存下去而在进化过程中获得的能力。

发动袭击的一方
也会假死

正如上述例子展现的一样，绝大多数假死都是被捕食者为了躲避捕食者而采取的行动，但在自然界之中也有出于其他目的的假死。接下来就为大家介绍这些有趣的例子。

假死并不是被捕食者的专利。捕食者的假死能力也不遑多让。在非洲的马拉维湖中，有一种叫"丽鱼"的鱼类。它们会在湖底的沙地和海藻旁边一动不动地装死。当其他小鱼靠近的时候，丽鱼就会突然发起攻击。

2004年在墨西哥南部金塔那罗奥州的湖中，有人发现一种丽鱼漂浮在水中假死，引诱其他小鱼靠近后突然袭击。由此可见，捕食者也会通过假死来麻痹猎物。

为了交尾和
为了逃避交尾的假死

雄性蜻蜓在空中猛烈袭击雌性蜻蜓的行为，对雌性蜻蜓来说是非常危险的骚扰。因此雌性蜻蜓会通过假死来躲避这种危险。

瑞士苏黎世大学的研究者第一个发现了竣蜓成虫的假死行为。他们仔细观察了竣蜓的交尾行为，发现许多雄性竣蜓会在空中追求同一只雌性竣蜓。但雌性竣蜓会与雄性竣蜓进行争斗，甚至让其他的雄性竣蜓来妨碍交尾。也就是说，执着于与雌性竣蜓交尾的雄性竣蜓与不愿受到骚扰的雌性竣蜓之间存在两性对立。

两性对立是在繁殖行为中雄性利益与雌性利益不一致时所产生的现象，当两性中的一方为了在繁殖中满足自身利益而导致另一方的利益受到损害时，就会出现对立。一般情况下，雄性为了提高自己繁殖后代的成功率，会尽可能找更多雌性交尾，但雌性只需要让自己携带的卵子受精，不需要与太多雄性交尾。

包括蜻蜓在内的许多昆虫，雌性都会用一个名为储精囊的器官来储藏雄性释放的精子。精子能够在这个器官中存活很长时间。比如某种蚂蚁的蚁后可以将精子在储精囊储藏几十年。因此对雌性昆虫来说，根本没有与许多雄性交尾的必要。反而与过多的雄性交尾会增加自身感染疾病的风险，而且交尾时还容易遭到捕食者的袭击，可以说是有百害而无一利。由此可见，在交尾次数这个问题上，雄性与雌性之间的利益是不一致的（两性对立的情况在雄性与雌性之间普遍存在，对这一问题感兴趣的读者可以参见拙著《积极雄性与消极雌性的生物学》）。

在蜻蜓的两性数量中，雄性占比更高，因此雌性不管在什么时候都会受到雄性的骚扰。雌性蜻蜓会采取各种方法来逃避雄性的骚扰。但雄性却完全不顾雌性的反抗，用爪子抓住雌性蜻蜓的头部，用尾部夹住雌性的胸部，企图将其掳走。在这个时候，雌性蜻蜓会忽然带着雄性一起掉入水中，开始一动不动。

受惊的雄性会直接飞走，而摆脱雄性纠缠的雌性则终于有机会安心产卵。在苏黎世大学研究团队观察的16例中，有14例都出现了雌性蜻蜓坠入水中的情况。也就是说雌性蜻蜓会通过假死来摆脱雄性的骚扰。同时超过8成的成功率也说明假死是摆脱雄性骚扰的成功策略。通过扇动翅膀摆脱雄性骚扰的成功率为25.9%，紧紧趴在地上让雄性无法将自己掳走的成功率为57.7%，这些策略的成功率都远低于假死。在雄性紧追不舍的时候，雌性蜻蜓甚至会反复坠入水面，通过假死来回避雄性的骚扰。

2006年，科学家发现了一种与蜻蜓刚好情况相反的情况，那就是雄性通过假死避免在交尾时被凶猛的雌性吃掉。有一种叫奇异盗蛛的蜘蛛，雄性会用猎物向雌性示爱。但有时候雌性奇异盗蛛对雄性"进贡"的猎物不感兴趣，反而会将雄性吃掉。当雄性感觉到自己有被吃掉的危险时，就会直接倒在地上假死。蜘蛛只对移动的猎物有反应，雄性假死之后，雌性就会放过雄性，转而去吃雄性带来的猎物。这个时候，雄性就会从假死中恢复过来，与雌性交尾。正在吃猎物的雌性对雄性来说是绝对安全的。雄性奇异盗蛛的假死，可以看作为了顺利交尾而进化出来的能力。2008年有报告称，在雌性面前假死的雄性，有九成以上都顺利交尾，而没有假死的雄性交尾的成功率则不足三成。而且随着尝试与雌性交尾的次数增加，雄性也有更高的概率在雌性面前假死。由此可见，即便是一开始只顾着交尾的雄性蜘蛛也会总结经验。

为了生存需要
先装死——
社会就是这样残酷

接下来，让我们看一看像蚂蚁和蜜蜂这类拥有社会组织的生物，它们的假死又有怎样的意义。

1999年，有科学家在哥斯达黎加观察了蜜蜂，发现将来可能会成为女王蜂的雌性蜜蜂在女王蜂离开的时候会遭到工蜂的袭击。这可能是因为蜂群失去了蜂王的控制而出现的情况。在这种情况下，为了躲避工蜂的袭击，雌性蜜蜂会将脚和触角全都弯曲到胸部底下一动不动地假死。当这些假死的雌性蜜蜂被工蜂搬运出去之后，有的能够及时苏醒逃过一劫，有的则会被工蜂杀死。

可怕的红火蚁也会假死。2008年，有科学家发现年轻的工蚁会通过假死来避免与同伴发生争斗。年长的工蚁在其他工蚁靠近自己的时候会立即摆出攻击架势，而外壳还不够坚硬的年轻工蚁会立即假死回避争斗。刚羽化第一天的工蚁基本上全都会选择假死来避免争斗，而羽化两周之后的工蚁就不再假死了，羽化三十天的工蚁更是斗志十足。年轻的工蚁因为承担着守护女王的重任，必须保证自己能够健康成长，所以会通过假死来避免不必要的争斗。而已经长大的工蚁则需要发挥自己的能力去和敌人战斗。由此可见，为了保证蚂蚁社会能平安稳定地发展下去，假死在其中发挥了重要作用。

说起来，我年轻的时候经常在职场会议上积极发表意见，当别人赞同我提出的意见时，我还会因此而沾沾自喜。但当领导提出"那么谁来具体执行"的时候，大家就全都默不作声，会场的气氛变得非常尴尬，于是领导就会说："那就由提出这个方法的你来试一试吧。"后来我也吸取了经验，除非是自己非常想做的事情，否则我都会努力在会议上装死。

Chapter
02
对假死的
科学研究

接下来，我将为大家介绍我花了四分之一个世纪对昆虫假死所展开的研究。我最早开始研究假死是在1997年。首先，从象甲在什么时候会假死说起吧。

奇怪的
假死姿势

有许多动物都会摆出奇怪的姿势假死。比如蛇和青蛙都会仰面朝天假死。许多甲虫也一样。有一种天牛就会摆出脚与身体垂直的姿势假死。

2000年之前，我一直作为研究员在冲绳从事害虫防治的工作。我们通过放养不育昆虫这种对环境影响最小的方法，成功地在西南群岛根除了对果蔬有害的入侵物种瓜实蝇。根除瓜实蝇之后，我们又将目标瞄准了对甘薯有害的入侵物种甘薯小象甲。在日本，这种甲虫于1903年首次在冲绳发现，20世纪50年代又蔓延到西南群岛。

甘薯小象甲的幼虫以甘薯和琉球牵牛花等植物的根茎为食。被啃食过的甘薯会释放出一种叫甘薯黑疤霉酮的物质。这实际上是甘薯受到伤害时的一种自我保护机制，用于对抗侵蚀自身的真菌。但甘薯黑疤霉酮的味道非常苦，所以被甘薯小象甲咬过的甘薯就完全没办法吃了。日本的植物防疫法之所以禁止将牵牛花和甘薯带出西南群岛，就是为了防止这种害虫的危害进一步扩大。与此同时，日本也开始针对这种害虫开展了用不育昆虫来将其根除的项目。

如今，我们已经通过放养不育昆虫的方法成功地在南部岛屿根除了甘薯小象甲。甘薯小象甲的根除项目始于20世纪90年代，最开始我们调查了这种昆虫的生态和分布。顺带一提，我是这个项目的初始成员之一。

我先来为大家介绍一下放养不育昆虫来根除害虫的方法。这是一种先大量繁殖害虫，然后使其不育，最后大量放归野外，使整个害虫种群彻底灭绝的方法。不育的雄性会和野生的雌性交尾，但并不能使雌性产下后代。只要在害虫的每一代都大量放养不育的雄性，就能达到使害虫彻底灭绝的目的。通过这种方法，我们已经成功地根除了西南群岛的瓜实蝇和小笠原群岛的桔小实蝇。截至2012年，放养不育昆虫的方法根除的都是双翅目的昆虫，甘薯小象甲是世界上第一个被这种方法根除的甲虫。

我作为冲绳县农业试验场的研究员，与同事们一起推算这种害虫的飞翔行为和分散距离，开发喂养这种害虫的饲料。要想采用放养不育昆虫的方法，首先要了解目标害虫具有怎样的分散能力并大量繁殖目标害虫。

在繁育甘薯小象甲的过程中，我偶然发现这种昆虫在受到刺激后会摆出一种非常奇怪的姿势，然后一动不动，也就是所谓的假死。

请看这两张照片（★2-1）。其中一张是假死的甘薯小象甲，另一张是真正死亡的甘薯小象甲。你能认出哪一张是假死的吗？

答案是右边那张。

★2-1　假死的甘薯小象甲（右）和真正死亡的甘薯小象甲（左）

要想区分假死的象甲和真死的象甲，需要观察三个部位（★2-2）。

部位①　假死的象甲的两根触角是并拢在一起的。

部位②　假死的象甲的背部不自然地反弓起来。而真死的象甲背部呈自然的状态。

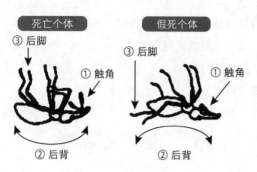

死亡个体

③ 后脚

① 触角

② 后背

假死个体

③ 后脚

① 触角

② 后背

★ 2-2　区分假死和真死的方法：三个观察点（作者画）

部位③　　假死的象甲的两条后腿僵硬地向后伸
　　　　　直。而真死的象甲的六条腿全都自然地
　　　　　耷拉着。

　　真死的昆虫和假死的昆虫，通过两者的对比可以
看出，假死的昆虫并非无意识地假死，而是有意识地
做出死掉的样子。当我意识到这一点的瞬间，立刻被
昆虫的假死深深地吸引了，同时也充满了对这种奇怪
姿势的疑问。

　　处于什么状态的昆虫会假死？什么时候施加刺激
会使其假死？在什么地方会假死？什么样的个体会有
什么样的假死？什么样的刺激会导致假死？为什么要
假死？具体如何假死？我在大脑里不断地思考与假死
有关的 5 个 W 和 1 个 H。

这是科学的问题吗?

在研究象甲假死的同时,我也开始寻找与假死相关的论文和书籍。如果在世界的其他地方已经开始了关于假死的研究,那么即便我观察了其他昆虫的假死行为,也没有作为新研究发表的价值。

研究的真正价值就在于发现世界上谁也没有发现的真相。不管是多么细微的领域,只要是全世界首次发现,对人类来说就相当于又增加了一个知识点。即便这种发现并不能立即给人类带来帮助,也可能像偶然间被发现并命名为盘尼西林的青霉素那样,在人类发现其具有抗菌作用后拯救了许许多多的生命,为人类做出了贡献。从这个角度来说,基础研究是非常有价值的。

于是我借着出差的机会,用了几年的时间走遍全国各地的书店和图书馆,最后得出了一个结论,那就是到目前为止还没有专门归纳和总结假死的书籍。关于动物与敌人对峙时的防身技术,只有一本1980年出版的《动物防御战略》。这本书的日语译本分为上下两卷,加起来有五百多页,但即便是这样的鸿篇巨制,其中关于假死的内容也只有两页,其中一页的大半部分还是插图,实际上与假死有关的文字描述只有一页而已。

后来我得知英国的研究者在2004年出版了一本名为《攻击回避——隐藏、警告、信号、拟态的进化生态学》（无译本）的英语教科书。

从简介来看，这本教科书介绍了生物各种各样的防御手段以及这些手段如何发挥作用，我原以为它也会详细介绍假死，毕竟自从《动物防御战略》出版以来已经过去了几十年。在这么长的时间里，关于假死的研究一定也有了巨大的进步。但实际情况与我的预想完全相反，在这本250页的著作中，关于假死的描述也只有两页。而且书中还这样写道："几乎没有人研究假死，这一领域严重缺乏符合现代生物学科学基准的研究数据。"

在感到失望的同时我也越发确信，假死对生物的生存是否有用，目前世界上没有人能给出准确的答案。

既然没有人研究假死，那就由我来做吧，我体内身为研究者的血液一下子沸腾起来。就这样，我向获得前所未有的知识发起了挑战。

关于假死的
5个W和1个H

正如前文提到的那样，1997年，我在从事根除甘薯小象甲工作的同时，对昆虫的假死产生了浓厚的兴趣。但因为我从事的工作属于政府项目，工资都是用税金支付的，所以不能在工作时间进行私人研究。于是我只能在下班之后的晚上或者休息日来进行与假死有关的实验和研究。我首先选择的研究对象就是甘薯小象甲。研究从如何对假死这一行为进行定量的检测开始。

我从附近的百元店里购买了几个白色的陶瓷咖啡杯托盘，一块廉价的秒表，定量检测假死的设备准备就完成了（★2-3）。我就好像做暑假时候的自由实验一样，心中充满了期待。接下来是寻找给象甲施加刺激的工具，我拿起手边的画笔试了试，发现完全合适。于是这支画笔就成了后续一切实验的基准。我尝试着用画笔的尾端刺激成虫使其假死，一下就成功了。

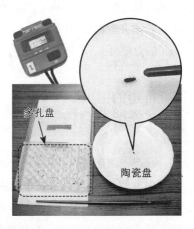

多孔盘

陶瓷盘

★2-3 手工制作的假死定量观察组件
（图中的昆虫是赤拟谷盗）

当成功使目标假死之后，就需要制定基准。如何科学地检测非常关键。成功使昆虫假死之后，我立即按下秒表的计时键，记录昆虫从假死到苏醒的时间，这个时间代表假死的深度。如果一次刺激没能引发假死，就尝试第二次、第三次的刺激。如果三次刺激仍然没有引发假死，这个昆虫就被定义为不会假死的昆虫。这个昆虫的假死值就为"0"。我将其称为"假死分数"。

这种检测方法和基准，参考了1981年发表的关于假死的地理变化的相关研究（在这项研究中，引发假死的刺激次数最多为四次）。顺带一提，如今对假死的相关研究仍然沿用了这个基准，似乎已经成为全世界昆虫假死研究的标准。但我在和学生们一起做实验时发现，他们不知从何时开始将画笔换成了Hammacher公司生产的动物实验研究专用昆虫镊子（钝头：型号HWC116-10）。这种镊子的力度很小，不易对体形微小的甲虫造成伤害。

行走的甲虫
不会假死

我首先调查的是"对处于什么状态的甲虫施加刺激会引发假死"。我先准备了一块甘薯，然后让甘薯小象甲成虫聚集在上面进食。接着将这些成虫逐一用镊子放在白色的托盘中。我将象甲分为静止不动的、正在行走的、正在进食的三种不同的个体，然后逐一用画笔施加刺激并记录它们的假死分数。结果发现不管是雄性还是雌性,静止的成虫在受到刺激后100%都会假死。正在进食的成虫也几乎100%都会假死。但正在行走的成虫,大约七成的雄性和五成的雌性即便受到三次刺激也不会假死,也就是假死分数为0。

接下来我又测试了假死成虫的假死持续时间。静止的成虫的假死持续时间平均为8分钟,而正在行走的成虫的假死持续时间不超过4分钟。正在进食的成虫的假死持续时间在两者之间。

通过这项实验,我发现了一个事实。事后的研究也证明了这是一个普遍存在的事实,那就是昆虫存在活动模式和静止模式。昆虫处于活动模式(比如正在行走时)时,昆虫遇到危险会直接逃走;而处于静止模式的时候,遇到危险会选择假死。

这或许就是基本的原理。换句话说,假死实际上是与生物的"活动"相对而生的现象。

夜晚的时候
会假死吗?

接下来我调查的项目是昆虫在什么时候会假死。甘薯小象甲是夜行性的昆虫。我准备了雌雄共240只成虫,并将其分为6组。从早晨9点开始,每隔4小时对30只雄性和30只雌性共计60只成虫进行刺激,监测它们的假死频率和假死分数。这项实验在周六进行。结果发现基本上所有的雌性在6次测量时都会假死，而雄性在夜晚的时间段则只有一半会假死。

当我将这个数据报告给某学会的时候，有位研究者提出了这样的疑问："这项实验是将雄性和雌性放在一起进行的。雄性在夜间之所以不假死，会不会是因为夜行性的雄性象甲受到雌性散发出的信息素的影响才不假死呢？"于是我又重新进行了一次只有雄性的实验，也就是在雄性象甲不会受到雌性信息素影响的情况下监测假死分数。结果在夜间仍然有许多雄性个体不会假死。接着我又用秒表监测了假死的雄性的苏醒时间，发现雄性即便在夜间假死，过了短短几分钟就会马上醒来（★2-4）。这样一来，结论就很明显了，雄性甘薯小象甲在夜间不会假死，或者很难假死。

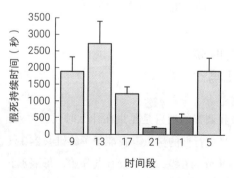

★2-4　不同观察时间段雄性的假死持续时间

那么，为什么雄性甘薯小象甲在夜间不会假死呢？对此，我提出了两个假设。一个是假设这是象甲应对捕食者的战略。我的同事解剖了从甘薯地里捕捉到的老鼠，发现老鼠的胃袋里有许多甘薯小象甲的尸体。老鼠在夜间依靠嗅觉来捕食猎物。这样一来，甘薯小象甲即便在夜间装死也无法摆脱老鼠的捕食。也就是说，为了生存下去，夜晚不能假死。

另一个假设与种群的繁殖相关。雄性甘薯小象甲需要在夜间与雌性交尾，所以不能假死。雌性甘薯小象甲会在夜间释放出信息素并接受雄性的交尾。雄性为了敏锐地感知到雌性释放的信息素，所以拥有比雌性更大的触角。既然夜晚时间段是非常重要的繁殖后代的时间，那怎么可能将这么宝贵的时间浪费在假死上呢？而雌性因为没有雄性那样的需求，所以在夜间也会假死。

由此可见，或许第二个假设，也就是繁殖带来的选择压力是导致雄性甘薯小象甲在夜间不会假死的主要因素。当然，这只是我个人的猜测。

综上所述，夜行性的甘薯小象甲，在活动的夜间不会假死，而在静止的白天则会通过假死来躲避捕食者。2001年，我将上述结果整理成论文投稿给了国际昆虫行为学会杂志。这也是我提交的第一份关于假死行为的论文。

后来我从冲绳县转到冈山大学任职，新加入甘薯小象甲对策班的后辈们继续对甘薯小象甲的交尾行为与假死之间的关系展开了研究，并且在2009年和2011年向我报告了研究的结果。首先，甘薯小象甲在经历过交尾之后，雌性的假死持续时间就会变短。雄性的交尾经验对假死的持续时间没有影响，但雌性在受精后，假死的持续时间则显著缩短。不过也有另外的报告称，在只交尾的情况下，雌性的假死持续时间反而变得更长了。总之不管是变长了还是变短了，可以肯定的是，交尾经验会对雌性的假死持续时间造成影响，这也体现出雌性和雄性不同的繁殖战略与假死之间存在很深的联系。

空腹时不能
假死

曾经有人问我，有没有在假死的时候变成真死的情况。假设昆虫是自己主动假死，那么应该不会有假死变成真死的情况。但这个问题值得调查，我还调查了饥饿和装死之间的关系。

这项实验对象甲来说可能稍微有些残忍。我将甘薯拿走，然后观察空腹对甘薯小象甲的假死分数有什么影响。实验开始后，我忽然想到了一件事。众所周知，许多生物的雄性和雌性对饥饿的耐受程度是不一样的。比如雌性为了繁衍后代，体内存储的脂肪比雄性更多。于是，我首先调查了雄性和雌性象甲的饥饿耐受程度。结果也和我预想的一样，在拿走甘薯之后过了10天左右，绝大多数的雄性饿死了，15天之后所有的雄性都饿死了。而雌性即便15天没吃东西也几乎全员存活，直到23天后才全部饿死。

因为了解到雄性和雌性对饥饿的耐受程度不一样，所以我准备了雄性和雌性各150只，并且每50只分为一组，进行了三次实验。在实验中，我会定期将作为食物的甘薯拿走，然后在原本会假死的白天时间段刺激象甲，观察它们是否还会假死。结果也和我预想的一样，将食物拿走的第三天，就有六成的雄性象甲不再假死。而雌性象甲即便三天没有食物也全部都能假死。接着是让它们断食6天，结果也一样，雄性有一半不能假死，雌性则几乎全部都能假死。

最后一次实验让它们断食15天。即便如此，雌性也只有25%不能假死，而15天没有任何东西吃的雄性则已经全部死亡。此外，在6天都没有进食的情况下，虽然仍然有一半左右的雄性会假死，但假死后很快就会苏醒并开始寻找食物。也就是说，在这种情况下的假死分数非常低。

从实验的结果来看，可以证明"象甲在空腹时不能假死"。由此可见，假死应该是象甲下意识的行为，在生死存亡的危急时刻，象甲就不会再悠闲地假死。陷入饥饿的昆虫，必须进入活动模式寻找食物，所以无法进入假死模式。我将这一实验结果投稿给了美国的昆虫学会杂志，并在2001年公开发表。

关于饥饿状态下的昆虫假死时间缩短这一现象，国外的其他研究团队在2018年使用其他甲虫成功重现，证明了这一现象的真实性。

游刃有余的时候
才会假死

2000年秋季，就在我整理饥饿与假死之间的关系，准备投稿给美国昆虫学会杂志时，我通过了大学公开招聘考试，前往冈山大学赴任。甘薯小象甲是从东南亚入侵西南群岛的，虽然在冲绳很常见，但在本州却完全没有。因此日本政府不允许将甘薯小象甲带出冲绳。虽然专门的实验室如果提出申请的话也能获得饲育资格，但我可没有在许多学生进进出出的大学实验室里饲育甘薯小象甲的勇气。万一甘薯小象甲从实验室里跑了出去并且在本州扩散开来，那问题可就严重了。尤其是冈山大学距离鸣门金时的产地不远，我只能放弃对甘薯小象甲的假死研究。

不过，我也做了另外的准备。我将一种名为绿豆象（★2-5）的甲虫带到了冈山。绿豆象是豆类的害虫。绿豆象的成虫在秋季将卵产在绿豆和豇豆等豆类植物的果实上，从卵中孵化出的幼虫就会钻进豆子里面啃

★2-5 绿豆象

食。这种甲虫也会假死。不过绿豆象假死时的姿势和
甘薯小象甲不同，绿豆象在假死时仰面朝天，六条腿
全都贴在身体上。从假死状态恢复时，首先用长长的
触角观察周围的情况，然后再翻身逃跑。这一系列的
动作看起来非常可爱。

　　我在冈山大学带的第一批学生来找我商量毕业论
文的课题时，我建议他们将昆虫的假死作为研究方
向。当时学生们诧异的表情，我时至今日仍然记忆犹
新。或许这些带着害虫防治伟大理想而来到冈山大学
农学部的学生，完全没想到自己会从事与昆虫假死相
关的研究吧。

　　不过，在我向他们说明了假死研究的有趣之处，
学生们开始着手毕业论文的研究之后，他们也逐渐被
假死的魅力吸引，越发乐在其中。于是我趁热打铁，
马上从百元店里买了冲绳同款的陶瓷白托盘，又准备
了秒表和画笔。然后让学生们先调查绿豆象的雄性和
雌性的假死行为是否存在区别。绿豆象这种甲虫，如

果在一颗豆子上产了许多个卵，幼虫就会争夺食物资源。在这种竞争环境下长大的幼虫与独享一颗豆子的幼虫相比，长大后的体形要小得多。因为可以通过减少豆子上的虫卵数量来控制幼虫数量，所以绿豆象是非常合适的实验对象。

大学里有非常精密的电子秤，就连体积微小的绿豆象的体重也能测量。众所周知，不同体形的个体对敌人的防御机制和交尾时采取的行动也各不相同。甲虫在羽化成虫之后，身体的外骨骼就变得坚固，体形也就不会再变大了。因此，我们决定检测成虫的体重，研究个体的重量与假死之间的联系。我们首先将豆子分成两组，一组的每颗豆上保留十颗以上虫卵，另一组每颗豆子上只有一颗虫卵，这样就能控制成虫的体积。

检测的结果是，体重越大的个体假死的时间也越长。因为在此之前从没听说过有关于昆虫的体重也会对假死产生影响的报告，所以我们的发现应该是世界首次。为了保证实验结果的准确性，我们又重新实验了一次，得到了相同的结果。体积较小的成虫与体积较大的成虫相比寿命只有后者的一半，所以我推测较小的成虫光是为了生存下去就要竭尽全力，以至于没有太多精力去悠闲地装死。不过这个结论在本书撰写时也仍然只是我个人的假设而已，今后还需要进一步调查。我指导的第一批学生的毕业研究成果，也很荣幸地在2005年发表于国际昆虫行为学会的杂志上。

太热也不行

最近可能很少见到了,但苍蝇等昆虫一动不动地趴在超市的冷藏食品专柜上的光景在过去可以说是屡见不鲜。因为昆虫是变温动物,在低温环境下就不会行动。

根据以上的生活经验,我又有一个假设。那就是昆虫在活动受限的低温条件下就会假死,而随着温度的升高,昆虫变得更加活跃,自然也无法假死。但假设毕竟是假设,还是需要通过实验来证明是否准确。

幸运的是,当时我刚好获得了一个能人为调节温度的大型恒温室。我将恒温室的温度分别设定为15℃、20℃、25℃、30℃、35℃,然后让不同温度条件下的绿豆象假死。除了让大学生帮我饲育昆虫之外,其他一切实验和观察都由我亲自完成。检测的结果也和我预想中的一样,随着温度的升高,成虫假死的比率也越来越低。在15℃和20℃的条件下,所有的成虫都会假死,但在30℃和35℃的条件下,就只有一半的成虫会假死。

而且即便是会假死的成虫,随着温度的升高,假死的持续时间也越来越短,假死分数越来越低。这与我的假设完全一致,在活动受限的低温条件下,甲虫很容易假死，但在比较活跃的高温条件下就难以假死。也就是说，在太热的环境下无法假死。

为了保证实验的准确度，我又用从朋友那里得到的绿豆象的近亲四纹豆象，进行了同样的实验。实验结果证明，即便是其他品种的甲虫，在低温条件下也会长时间假死，在高温条件下则无法假死。我将上述实验结果与其他实验结果整合到一起，于2008年发表在英国昆虫生理学的专门杂志上。

法布尔在他的《昆虫记》中这样写道："一动不动的持续时间，即便在同一天、同样的大气条件中，以及使用同样实验材料的情况下，也存在着巨大的差异。我尝试了许多次，都没有找到导致昆虫一动不动的持续时间缩短或者延长的原因。"说一句不谦虚的话，我真的很想将自己这一系列的实验结果告诉给法布尔先生。

活动模式与
静止模式

综上所述，甲虫在"行走的时候""进食的时候""活动的时候""想交尾的时候""饥饿的时候""炎热的时候""长不成大体积个体的时候"都难以假死。反之，在"休息的时候""吃饱的时候""寒冷的时候""长成大体积个体的时候"都容易假死。

由此可见，昆虫具有活动模式与静止模式，进入活动模式的昆虫在遭到敌人袭击时会选择逃跑，而进入静止模式的昆虫在遇到危险时则会选择假死。模式会随着昆虫的生活节奏和环境的变化而改变，也会受温度和饥饿程度等因素的影响。那么，假死真的对动物的生存有帮助吗？"假死是为了适应生存环境而进化出来的能力吗？"对达尔文和法布尔提出的这个问题，我将在下一章中用实验来解答。

Chapter 03
假死的得与失
——
生与性的二律背反

在上一章中，我们分析了易于假死的状况和不易于假死的状况。那么，假死对动物的生存究竟有没有作用呢？

如果假死对生存是有利的，那就应该是自然选择进化而来的能力。但每个生物能获得的资源都是有限的。因此，进化出假死能力的个体，肯定在其他方面有所牺牲。所有的生物都需要将自己拥有的能量分配到各项能力上，用来应对多变的环境。这种对能量的分配在生物学上被称为"二律背反"。

那么，生物专门将能量分配在假死这个能力上，究竟能得到什么好处呢？同时又要失去什么呢？

假死是进化而来的吗?

首先，我来为大家说明一下自然选择的进化机制。根据达尔文提出的自然选择原理，出现进化的前提条件有以下三点：第一，某种特性在不同个体中出现变异（变异）；第二，这种特性至少有一部分是遗传的（遗传）；第三，拥有这种特性的个体比拥有其他特性的个体生存时间更长，能留下更多后代（选择）。只要满足上述三个条件，就必然出现进化。

除了自然选择的进化之外，还有另外一种因为偶然情况而产生的进化，这被称为遗传漂变（漂变）。经过一代又一代的遗传而产生进化的机制，只有选择和漂变这两种。因为目前学界普遍认为假死与漂变没有直接关系，所以本书也只讨论自然选择与假死之间的关系。

那么，假死是不是自然选择进化而来的特性呢？如果是，又要如何验证呢？

事实上，只需要查证以下三点即可：

① 是否存在假死的个体和不假死的个体（变异）。
② 假死行为是否拥有父母遗传给孩子的特性（遗传）。
③ 假死的个体与不假死的个体相比，是否能够留下更多的后代（选择）。

我花了很长时间查阅文献和资料，没有找到任何能证明"假死是自然选择的进化"的研究结果。假死与自然选择之间的关系，目前还是人类未知的研究课题。

2000年10月1日，我前往冈山大学任职。大学与农业试验场不同，教师可以自由选择研究课题。因此，我决定正式对假死是否有助于生存展开调查。

甘薯的害虫甘薯小象甲只存在于西南群岛，我不能带到冈山来。于是我只能选择新的对象来继续我对假死的研究。虽然绿豆象也是比较合适的实验对象之一，但要想深入研究二律背反，易于一代一代培养繁殖，而且能用于分子生物学研究的昆虫是最理想的选择。所以，选择一个合适的昆虫作为研究对象十分重要。

这次我选择的昆虫是赤拟谷盗（★3-1）。赤拟谷盗是一种体长3~4mm的甲虫，在冈山、日本乃至全世界都随处可见。

这种昆虫以大米、小麦等谷类为食。因为其繁殖速度快，不知不觉就会将谷物全部吃掉，谷物就像被盗贼偷走了一样，所以将其命名为赤拟谷盗。据说这种昆虫原本生活在树木的树皮之下，扁平的身体就是这样造就的。但人类的生产活动使这种昆虫的生存环境发生了巨大变化。在储藏有大米和小麦等谷类的地方，这种昆虫的数量会爆发式地增加，这是一种在世界各地都对粮食造成巨大危害的害虫。

★3-1　赤拟谷盗

最适合实验的
昆虫——赤拟谷盗

我之所以选择这种昆虫作为实验对象，有五个原因。

① 这种昆虫会假死 (★3-2)。

② 从卵到成虫再到产卵的时间，也就是世代交替的时间大约为一个半月，这样在为期一年的研究过程中可以观察到多个世代的进化。这里所说的进化，指的是遗传基因遗传频率（集团中包含各个对立遗传基因的比率）的变化。身为大学教师，如何让学生们的注意力都集中在研究上是我最关心的问题。

★3-2　在捕蝇蛛（左）面前假死的赤拟谷盗（右）

③ 容易采集到野生的个体。不需要去山里捕捉，只要去郊外的谷仓就能捉到很多。而且从春天到秋天，什么时候去都能捉到。谷仓在日本全国各地到处都有，像赤拟谷盗这样在日本全国都能够轻而易举找到的生物并不多见。

④ 只需要面粉就能饲育，数量会不断增加。我成为大学教师之后才发现，学生们饲育昆虫的能力参差不齐。所以找到一种不管怎么养都不会死的昆虫，对需要完成毕业论文的学生来说非常重要。

还有非常重要的一点。

⑤ 这种昆虫是模式生物的候补。模式生物指的是全部基因组（包含全部的遗传信息，也被称为"生命的设计图"）都已经被破译的生物，比如动物中的老鼠、鳉鱼、斑马鱼、线虫、果蝇，植物中的拟南芥、水稻等都是模式生物。2000年的时候，赤拟谷盗的基因组也正在被破译中，所以对这种昆虫的研究可以说是未来可期。果不其然，2008年，美国的研究团队公布了赤拟谷盗的全部基因组排列。如果我们能够揭开假死的进化机制，就可以根据已经公开的基因组信息，找出是遗传基因的哪个部分发生了变化。

育种

为了研究假死的进化，我选择的试验方法是人为选择法，也就是育种法。我想培育出能够长时间假死的赤拟谷盗和不会假死的赤拟谷盗。就像人类能够通过野生的小苹果培育出又大又甜的苹果一样，我也需要培育出假死能力完全不同的昆虫。

当时正好有同事为了研究赤拟谷盗的农药抗性和信息素而进行累代饲育，于是我问他要了一些赤拟谷盗，然后又买了一些赤拟谷盗最喜欢吃的面粉。

我让准备写毕业论文的学生利用定量观察工具，分别持续观察了100只雄性和100只雌性的假死。然后从中选出假死持续时间最长的10只雄性和10只雌性，又选出假死分数最低的10只雄性和10只雌性，让它们交配并繁殖后代。接着，我让学生从这些繁殖出的后代中再选出100只雄性和100只雌性，记录它们的假死持续时间……通过重复上述步骤来育种(★3-3)。第一位学生将四代的育种实验结果整理为毕业论文，后续十几代的育种实验则由另外三名需要写毕业论文的学生继续进行实验。

育种十分成功。原本只能假死10秒左右的集团，在经过10代延长假死时间的育种之后，假死的持续时间延长到了两分钟以上。我将这个集团称为延长系统。而缩短假死时间的集团在经过10代育种之后，

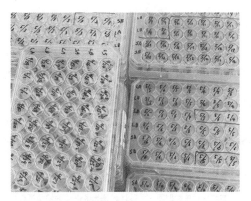

★3-3　育种时的图片

成了不管怎么刺激都不会假死的集团。我将这个集团称为缩短系统。我重复进行了两次选拔实验。因为如果只进行一次选拔实验的话，延长假死时间的集团有可能只是偶然的变异。这种并非因为自然选择而是偶然的变异导致的结果在生物学中被称为遗传漂变。

对集团中能假死的个体所占的比率进行调查后发现，仅仅经过10代的选拔，延长系统中几乎所有的个体都能假死。而缩短系统中几乎所有的个体都不会假死（★3-4）。

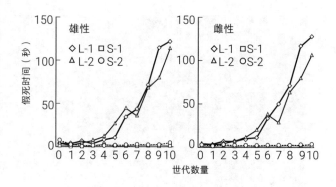

★3-4 选拔世代数与假死持续时间的关系（L为延长系统、S为缩短系统）

赤拟谷盗的
天敌是什么?

通过育种能培育出长时间假死的延长系统和不会假死的缩短系统，这说明假死这种行为存在个体的"变异"，而且是能世代传递下去的"遗传"。但要想证明某种特性是自然选择的进化，还需要一个前提条件，那就是"选择"。也就是说，需要调查假死的个体与不假死的个体究竟哪一个更容易生存下去。

如果假死是为了躲避捕食者的猎杀才进化出的行为，那就需要通过实验证明两个系统在面对敌人时生存的概率不同。只有这样才能证明假死确实是对生存有利的"战略"。

之所以将其称为"战略"而非"战术"也是有原因的。在生物学上，将某种被世世代代遗传下去的行为称为"战略"，而某个个体因为状况的不同而采取不同的行动则被称为"战术"。也就是说，该行为存在遗传基础的时候就是战略，没有遗传基础的话则属于战术。

但在准备开始实验之前我遇到了一个问题，那就是"赤拟谷盗的天敌是什么"。我找实验室里对生物学比较熟悉的学生们讨论，有一个学生提出，可以用他饲养的乌龟来扮演捕食者的角色。但乌龟与赤拟谷盗在野外的生存环境完全不同，必须找一个和赤拟谷盗生活在相同环境下的捕食者，这个实验才有意义。

于是我决定去赤拟谷盗栖息的谷仓附近看看。结果我发现在赤拟谷盗的栖息地，经常能见到一些在室内生活的捕蝇蛛。但哪种捕蝇蛛以赤拟谷盗为食呢？刚好有一位对蜘蛛感兴趣的学生打算以此作为毕业论文的课题，他经过研究发现，生活在草原上的捕蝇蛛基本不吃赤拟谷盗，但生活在室内的花哈沙蛛会吃赤拟谷盗。而且某种体形比较大的雌性花哈沙蛛一定会吃赤拟谷盗。我再次去谷仓看了看，发现那里确实有花哈沙蛛。

我用了好几天的时间，好不容易才捉到了三十多只雌性花哈沙蛛。之所以一定要雌性，是因为雄性花哈沙蛛的体形比雌性要小得多。而体形比较小的花哈沙蛛并不会吃赤拟谷盗。

全世界首次发现!
假死确实能够躲避捕食者的攻击!

一切准备完毕后,终于可以开始捕食实验了。我将延长系统的赤拟谷盗和缩短系统的赤拟谷盗分别与雌性花哈沙蛛一起放入培养皿之中,观察花哈沙蛛的捕食行为。结果发现花哈沙蛛会将抓住的甲虫再次放开,但花哈沙蛛在捕食苍蝇的时候就不会出现这种行为,而是抓住后立即吃掉。这是因为甲虫的身体比较坚硬,花哈沙蛛在抓住甲虫后会因为这种坚硬度而感到惊讶,于是放开甲虫。

而在被放开之后,甲虫采取的行动将决定它的生死。被蜘蛛袭击的刺激能引发赤拟谷盗的假死。

请看★3-5。延长系统的甲虫在被花哈沙蛛袭击之后,14例中有12例都选择了假死。蜘蛛会对假死的猎物观察一段时间,然后就失去了兴趣。结果,实验的14例中有13例甲虫都活了下来。

与之相对的,不会假死的缩短系统的甲虫就没有这么幸运了。缩短系统的甲虫在被蜘蛛袭击的14例之中有13例都没有假死。耐人寻味的是,无论被画笔刺激多少次都绝对不会假死的缩短系统的甲虫,在遭到蜘蛛的袭击时可能真的感受到了恐惧吧,在14例之中竟然有1例假死了。结果也不言而喻,假死的这只活了下来,而不会假死的那13只全都在蜘蛛面前大摇大

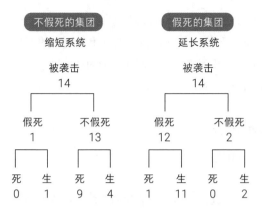

不假死的集团				假死的集团			
缩短系统				延长系统			

被袭击
14

假死　　　　不假死
1　　　　　13

死　生　死　生
0　1　9　4

被袭击
14

假死　　　　不假死
12　　　　　2

死　生　死　生
1　11　0　2

★3-5　缩短系统与延长系统的捕食实验结果

摆地晃来晃去。蜘蛛当然不会放过它们，许多不会假死的甲虫都在蜘蛛的连续袭击下丧命。

从数量上来看，缩短系统中幸存下来的数量是14只中的5只，延长系统中幸存下来的数量是14只中的13只。根据上述数据，对存活率判断错误的可能性为0.16%，也就是说，重复同样的实验1000次，只有可能出现1.6次错误。这在统计学上属于有意义的概率，足以证明延长系统比缩短系统有更高的存活率。

这个实验是全世界第一次在统计学上证明"假死能躲避捕食者的攻击"的研究成果。这说明假死是通过"选择"产生的有利特性。也就是说，能证明假死是自然选择的进化特性。

我将上述一系列实验的结果总结成论文，于2004年发表在英国皇家学会的期刊上，论文的题目是《假死是进化而来的吗？假死行为的适应度差异表现出的遗传变异》。

对生存有
百利而无一害

当可以通过育种培养出假死的集团和不假死的集团之后，想要搞清楚的疑问也越来越多。假死虽然能够逃过天敌的猎杀，但在生存上还有其他的好处吗？从成长的角度来说，假死和不假死哪一个更好呢？从繁殖的角度来说又如何呢？

首先，我想要对比缩短系统和延长系统的寿命。但赤拟谷盗的成虫是寿命长达一年以上的超长寿昆虫，不适合用来调查寿命。

于是我将调查寿命的对象又换成了绿豆象。因为绿豆象也可以通过育种来培养出假死的延长系统和不假死的缩短系统。

当我对比绿豆象的缩短系统和延长系统的发育、寿命以及生态的时候，发现了非常有趣的结果。不假死的缩短系统会发育为行动非常活跃的昆虫，而能够长时间假死的延长系统则会发育为不怎么行动的昆虫。行动活跃也就意味着要消耗更多的能量。

	缩短系统	延长系统
发育期间	长	短
寿命	短	长
羽化率	低	高
卵的大小	小	大
卵的数量	相同	相同

延长系统与缩短系统相比，从卵到成虫的发育期间更短。但成虫之后的寿命，则是延长系统比缩短系统更长。此外，延长系统从蛹到成虫的羽化率更高。延长系统的成虫与缩短系统的成虫相比，虽然产卵的数量相同，但产的卵个头更大。一般来说，卵的个头越大，生出来的幼虫的存活率就越高。假死这一行为，与逃跑相比消耗的能量更少。也就是说，假死可以看成在危急时刻保存能量的战略。延长系统的昆虫不但不易被敌人捕食，还能更快地成长，寿命也更长。综上所述，从生态上来说，延长系统与缩短系统相比，几乎在所有的特性上都具有压倒性的优势。

看到这里可能有人会想，假死简直是有百利而无一害，这个世界上所有的昆虫都应该学会假死。但就像人生没有一帆风顺，"虫生"也一样。对任何生物来说，都没有一劳永逸的战略，这就是所谓的二律背反。如果假死真的是一劳永逸的战略，那么这个种类的所有个体就都应该进化出长时间假死的能力。但根据我从野外采集到的绿豆象和赤拟谷盗来看，并非所有个体都会假死。

正如我在本章开头提到过的那样，生物必须将有限的资源分配到许多个生存手段之中。所以假死一定也存在缺点，也就是符合二律背反的原则。

难以邂逅异性……

很快我们就发现了假死的缺点。会假死的个体平时很少活动。不活动就难以被敌人发现，对生存来说确实是有利的，但不活动就没有遇见异性的机会。在没有社交网络和远程交流手段的昆虫世界之中，一直待在家里就没有办法邂逅异性。不管有多长的寿命，只要是有性生殖的生物，就必须与异性交配并产下后代，才能将自己的基因传下去。

我们是如何通过实验发现假死缺点的呢？在赤拟谷盗还是蛹的时候，我们可以通过腹部末端的生殖器形状来分辨雌雄，但成虫之后就无法分辨了。因此我们在实验之前先用彩笔给雄性和雌性做好记号。然后从缩短系统和延长系统之中，分别挑出5只没有交尾经验的雌性和1只雄性，一同放入直径9cm的培养皿中，观察雄性会和多少只雌性交配。实验时延长系统与缩短系统的育种世代都为35代。

在15分钟的观察期间，缩短系统的雄性平均与3.5只雌性交尾，而延长系统的雄性则只和大约2只雌性交尾。可能有人认为这不就差了1.5只而已吗？但在短短的15分钟之内就差了1.5只，在漫长的交配期中这个数字绝对不可忽视。

我们又将同世代的成虫和捕蝇蛛放在一起，发现延长系统比缩短系统生存的时间更长。由此可见，延长系统虽然不容易被敌人捕食，但也因为难以邂逅异性导致交尾的成功率降低。这个实验可以说非常完美地证明了自然界的二律背反。

就像人们常说的，鱼与熊掌不可兼得。假死虽然能够躲避天敌的捕食，但也会导致难以邂逅异性。

抗压能力也很弱……

当我将这一系列的研究结果发表之后，佐贺大学专门研究昆虫生理学的教授对延长系统和缩短系统的特性产生了极大的兴趣，于是联系我，提出"想要测试这两个系统的抗压能力"。当时是2010年，我欣然接受邀请，将延长和缩短两个系统邮送到佐贺大学。

教授首先调查的是这两个系统对振动和低温的耐受情况。他将成虫放进培养皿中，然后开始高频刺激它们，1分钟振动2000次。结果，能长时间假死的延长系统的成虫在经过4小时的持续振动后死掉了大约一半，持续振动8小时后死亡率达到了80%~100%。与之相对的，缩短系统的成虫在8小时的振动后仍然有70%的存活率。

教授还调查了它们的低温耐受情况。将两个系统的成虫一同放入4℃的冰箱之中，延长系统在经过4天后就死掉了60%，而缩短系统则经过10天以上才死掉60%。接着是调查对高温的耐受情况。延长系统的成虫无法抵御45℃的高温。总体来说，具有长时间假死特性的系统，对一切压力的耐受能力都很弱。

在第四章中我会提到，对野外（谷仓）生活的赤拟谷盗个体的假死持续时间进行比较，会发现绝大多数接近缩短系统的特性，要么根本不会假死，要么假死只持续几秒钟就苏醒过来。虽然也有像延长系统那样假死持续时间很长的个体，但在整个赤拟谷盗集团中属于极少数派。也就是说，因为能够长时间假死的个体对压力的耐受性很弱，所以在没有捕食者或者捕食者很少的情况下，反而不利于繁衍后代。

换句话说，延长系统在面对各种压力的条件下，属于有生理缺陷的结构。综上所述，假死持续时间比较长的延长系统的昆虫，不但在繁殖上处于弱势，在生活上的抗压能力也很弱。这可能就是生活在野外的赤拟谷盗很少有能够长时间假死的成虫的原因之一吧。

Chapter 03 假死的得与失——生与性的二律背反

鱼与熊掌不可兼得

不过，2020 年的一项研究结果证明在繁殖上有利的个体，也能通过假死躲避敌人的捕食。有一种叫阔角谷盗的甲虫，只有雄性长着非常发达的下颚，为了获得与雌性交尾的机会，雄性会利用下颚来互相争斗。体形越大、下颚越发达的个体，在争斗中获胜的概率也就越大。这种甲虫在受到刺激之后，也像赤拟谷盗一样，会将脚全部缩到身下假死。假死的持续时间参差不齐，既有完全不会假死的个体，也有能够持续 200 秒一动不动的个体。阔角谷盗的平均假死时间大约为 1 分钟，绝大多数的假死持续时间都在 40 秒左右。

我对阔角谷盗的假死持续时间进行了观测，没有发现这种甲虫的体积大小与假死持续时间之间有任何联系。但我却发现，这种甲虫的假死频率与下颚的尺寸之间存在正相关的关系，下颚越大的雄性，对刺激的反应越敏感，越容易假死。但作为测量身体尺寸指标的胸围却与假死的频率之间没有任何联系。也就是说，假死的持续时间与甲虫的身体尺寸之间没有联系，但假死的频率却会因为武器的尺寸发生变化。关于频率的问题我将在下一章中为大家详细介绍。

通过这个实验可以得知，"在同类斗争中比较强的个体，同样也很擅长假死"。2020 年，取得这个实验结果的研究员将数据整理后发表在英国皇家学会发行的《生物学通讯》杂志上。

可能会有读者发现，拥有发达下颚的雄性阔角谷盗在争夺交尾权的斗争中处于有利的地位，而且还能通过假死来躲避敌人的捕食，这岂不是违反了生物的二律背反原则吗？对于这个问题，我来稍微补充说明一下。

雄性阔角谷盗拥有自己的势力范围。雄性阔角谷盗一旦相遇，即便附近没有雌性也会利用发达的下颚开始争斗。战胜的一方可以与自己势力范围之内的雌性交尾，而失败的一方则会在失败后的4天时间里漫无目的地逃窜。等到了第5天，失败的阔角谷盗又会像什么都没发生过一样，遇到其他雄性阔角谷盗后立即上去与之争斗。也就是说，它们对失败的记忆只会保留4天。但失败的阔角谷盗在逃亡期间如果遇到雌性的话，则会立即上前求爱并交尾，而且在这个时候射精的精子数量比平时更多。

后来的研究发现，拥有发达下颚的阔角谷盗虽然很擅长争斗，但却不擅长向雌性求爱。这说明雄性的阔角谷盗也符合生物的二律背反原则。

鱼与熊掌兼得，对资源有限的生物来说，果然是不可能实现的事情。关于这种昆虫在什么样的环境下平衡繁殖与生存的方法，今后还需要更进一步的研究。

在下一节中，我将为大家介绍其他昆虫表现出来的活动模式无法假死，而静止模式才能假死的二律背反原则。

擅长飞行的
昆虫不假死

捕捉昆虫时，位于叶子上的甲虫会在被捕捉时忽然跳到地面和草丛里消失不见，很多会在掉到地面之后假死。另外，蝴蝶和蜻蜓在被捕捉时会立即飞走，这是不是说明擅长飞行的昆虫不会假死呢？

飞行与假死。前者是"活动"的行为，后者是"静止"的行为。因为不能一边飞行一边假死，所以在躲避敌人的袭击时，昆虫必须在飞行和假死这终极的二律背反之间选择其一。既然如此，这种二律背反的关系应该不止表现在不同品种的昆虫上，在同一种昆虫之中，朝着长时间假死的方向育种的昆虫飞行能力将会退化，而朝着强化飞行能力的方向育种的昆虫则不能假死。

为了验证自己的猜想，我立即着手思考如何通过赤拟谷盗的育种系统来进行关于这项二律背反的实验。但一直以来作为实验材料的赤拟谷盗其实并不喜欢飞行（不过在28℃以上的高温环境下飞行比较活跃）。正如第二章中提到过的那样，我在使用赤拟谷盗作为实验

对象之前，也用绿豆象进行过研究。当初我选择绿豆
象作为实验对象的原因是这种昆虫的产卵行为和交尾
都非常有趣，但实际上，绿豆象不仅非常易于在室内
饲养，而且还十分擅长飞行。

于是我认为绿豆象是这个研究课题的最佳实验对
象。绿豆象能假死、会飞行，还很容易在野外采集。
我当即联系了研究室的研究生和我一起展开实验。要
想调查假死与飞行是遗传上二选一的特性，需要和测
试赤拟谷盗时一样的育种实验。研究生们首先设计出
了一个用来测量绿豆象飞行能力的系统（★3-6）。这是
一个用透明压克力板制成的边长50cm的立方体，在
上面的正中央有一个圆孔（直径7mm），可以从这个孔
将成虫放进去。

★3-6　手工制作的将飞行能力数值化
的测试装置

　　　　　Chapter 03 假死的得与失——生与性的二律背反

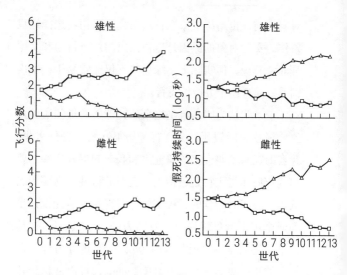

★3-7　关于飞行能力的选拔实验中世代数与飞行分数（左）和假死持续时间（右）的关系

　　在立方体的底部，画着5个间隔5cm的同心圆，正中心是一个直径10cm的圆形。如果成虫直接掉落在中心的圆形范围内，飞行能力就是0分，以飞行姿态降落在中心的圆形范围内为1分，降落在直径10~20cm的圆环内为2分，30cm内为3分，40cm内为4分，50cm内为5分，如果落在50cm的圆圈之外或者落在压克力板的墙面上，就能得到最高分6分。通过这个装置就能够将绿豆象的飞行能力数值化。

　　我们选择了50只雄性和50只雌性，总计100只

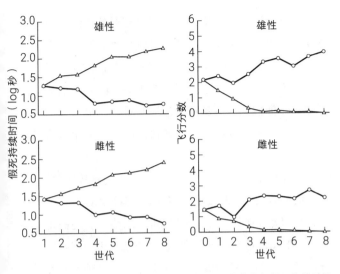

★3-8　关于假死持续时间的选拔实验中世代数与假死持续时间（左）和飞行分数（右）的关系

绿豆象，分别给它们的飞行能力打分。然后选出分数最高的7只雄性和7只雌性，让它们自由交配，获得下一代的绿豆象。同时也选出分数最低的7只雄性和7只雌性，让它们自由交配，获得下一代的绿豆象。重复上述步骤直到第13代的绿豆象，总算是通过育种获得了在遗传上擅长飞行的集团和不擅长飞行的集团（★3-7）。在育种的同时，我们也用秒表测量了各个世代假死的持续时间。

如图所示，擅长飞行的集团，随着世代数的增加，飞行分数也逐渐增加，但与之相对的，假死的持续时间也越来越短。而朝着飞行分数低的方向育种的集团，飞行能力越来越差，到第7代的时候就变成完全不会飞的集团了。而不会飞的集团的昆虫却能够长时间假死。不管是雄性还是雌性，都符合上述结果。育种实验共进行了两次，都得出了相同的结果。

这样一来就能证明，关于飞行能力的选拔实验，会使假死时长朝着相反的方向发展。但要想证明飞行能力与假死在遗传上存在负相关的二律背反，还需要从相反的角度再次进行育种实验，也就是进行假死持续时间的选拔实验，观察飞行能力是否出现了相关反应。

研究生们开始利用绿豆象进行假死持续时间的选拔实验。通过8世代的育种，成功地培育出了延长系统和缩短系统的绿豆象，学生们在育种的同时也测量了绿豆象每一代的飞行分数（★3-8）。结果如图所示，假死持续时间长的集团只经过4代的育种就几乎丧失了飞行能力。另外，假死持续时间短的集团，育种开始前飞行分数只有2分的雄性经过8代育种之后飞行分数达到了4分，育种开始前飞行分数只有1.5分的雌性经过8代育种之后飞行分数达到了3分。

二律背反在
野外也生效！

　　根据上述育种实验的结果，可以证明飞行能力与假死之间存在负相关的遗传关系。那么，如果生活在野外的绿豆象也符合二律背反原则的话，从野外采集到的绿豆象应该也能观察到这样的特性。

　　于是我走遍了冈山县的农田，捕捉这种昆虫。同时还拜托其他地区昆虫研究所的研究伙伴也帮我从野外捕捉一些绿豆象。在他们的帮助下，我获得了全国21个地区的绿豆象样本。我对这些来自不同地区野外的绿豆象集团进行了观察，测量它们的假死持续时间和飞行分数，发现两者之间存在明显的负相关关系（★3-9）。

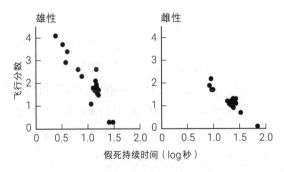

★3-9　假死持续时间与飞行能力之间存在负相关的关系

绿豆象这种昆虫，雄性的飞行能力比雌性更强。雄性的飞行分数最高能达到4分，雌性的飞行分数最高只有2.5分。即便如此，不管雄性还是雌性，在假死持续时间和飞行分数上，都表现出了明显的负相关关系。也就是说，生活在野外的绿豆象也因为某种理由得出了擅长飞行的集团不擅长假死，擅长假死的集团不擅长飞行的结果。虽然我们目前尚不能确定为什么在野外也会出现擅长飞行的集团和不擅长飞行的集团，但为了躲避捕食者的攻击或许是原因之一。这项研究值得关注的地方在于，通过同一种类的集团数据证明了擅长飞行的个体不擅长假死，擅长假死的个体不擅长飞行这一事实。

2007年，这一系列研究的结果以《掉落还是飞行？求生战略二选一的假死时长和飞行能力之间呈现出的负相关遗传关系》的题目被发表于英国皇家生物学纪要上。

围绕假死的"动与不动"的二律背反，在野外也能发挥作用。在下一章中，让我们再次回到赤拟谷盗的育种和行为实验的话题。在模拟捕蝇蛛袭击赤拟谷盗的实验中，延长系统的14只中有13只都顺利地活了下来。但为什么有一只明明假死了却还是被吃掉了呢？为什么生存率不是100%呢？我将在下一章中为大家揭晓答案。

Chapter 04

利己的诱饵——牺牲他者让自己活下来的方法

看到这里，相信大家已经知道，当只有一只赤拟谷盗的时候，假死是十分有效的求生技能。但在自然界之中，昆虫一般不会单独生活，而是许多昆虫聚集在一起形成集团生活。如果从昆虫社会的角度来看，假死还会带来更多的好处。

2004年11月的时候，我在英国皇家学会的杂志上发表了关于假死是自然选择的论文。结果在2006年4月13日的时候，英国的科学杂志《自然》上就刊登了一篇名为《蝗虫不假死》的论文。

来自《自然》的挑战书

在《自然》的这篇论文之中，正如其标题所写的一样，主要介绍了菱蝗虫将腿纵向伸直然后一动不动的行为，认为假死是蝗虫让捕食者将自己吐出来的一种物理防御。有一种叫棘菱飞蝗的蝗虫，在被青蛙吞食的时候就会将长满尖刺的后腿垂直竖起。这样一来，原本长在其胸部横向伸出的棘刺，和垂直竖起的后腿就会形成一个菱形，让青蛙难以下咽。最终无可奈何的青蛙只能将蝗虫吐出来。这是2006年年初京都大学的研究生发表的研究结果。但关键在于，棘菱飞蝗被鸟类啄食时就绝对不会摆出这种姿势。只有被青蛙吞食时才会摆出这种姿势——一动不动。也就是说，这是一种只能避免被青蛙吞食的战略（物理性防御）。因此，论文中的主要论点指出，假死除了一动不动用来迷惑捕食者的效果之外，还有其他的意义。

在这篇论文中还引用了我在2004年发表的赤拟谷盗利用假死躲避捕蝇蛛攻击的研究结果。但作者认为"赤拟谷盗体内有一种带有强烈刺激性气味的物质，这种甲虫一动不动不是单纯的假死，更是强调自己身上带有刺激性化学物质的信号，是对捕食者发出的警告"。也就是说，作者认为赤拟谷盗的这种行为，与其说是假死，更准确地说应该是向捕食者传递自身危险性的一种警告。虽然他也承认甲虫一动不动的行为属于假死（摆出独特的姿势一动不动），但对于假死的目的，他认为并不是降低捕食者兴趣的防御姿态，而是向捕食者强调自身有毒的攻击姿态。

作者还更进一步指出，"如果假死是为了强调自身有毒的假设正确，那么赤拟谷盗的延长系统与缩短系统相比，体内应该含有更多的化学物质"。写下这篇论文的人，正是前文中提到过的《攻击回避》的作者格雷厄姆·鲁库斯通教授。

我在看到这篇论文之后感到非常兴奋。《自然》杂志是全世界最有影响力的科学杂志之一。作者不但在这篇杂志发表的论文中引用了我的研究结果，还对其提出了更进一步的假设。就好像是在对我说"如果你能证明的话，就证明给我看吧"。我决定接受这份挑战。

假死是传达
警告信号的姿势吗？

"有人发起挑战就必须接受。"我认为这是作为科学家的基本礼仪。当然，发起挑战的目的并不是把对方打倒，而是让对方鼓起勇气。

事实上，我当时自以为"已经发现了假死的意义，我的工作都做完了"，从某种意义上来说，处于热情燃尽的状态。正是《自然》上的这篇论文，让我又重新燃起了斗志。

既然对方想让我证明，那我就证明给他看。坦白地说，能接到这样的挑战让我非常开心。

赤拟谷盗的体内确实有一种叫甲基苯醌的苦味物质。在其身体被用力挤碎的时候还会散发出一种难以描述的刺激性气味。就连捕蝇蛛也对这种气味忌惮三分。

赤拟谷盗有可能利用这种化学物质来保护自己不被捕食者袭击。但我对化学一窍不通，怎样才能证明这个假设呢？幸运的是，我所在的冈山大学农学部，有一个叫农业化学课的研究部门，其中有专门研究昆虫化学物质的教授。于是我询问平时和我关系比较好的教授，是否能够测量赤拟谷盗体内的甲基苯醌，对方回答说非常简单。

我将这项研究告诉给了实验室的研究生，结果研究生也对此表现出了浓厚的兴趣，于是我们在农业化学教授的指导下使用气相色谱仪（一种用来测量化学物质含量的仪器）对延长系统和缩短系统的甲基苯醌含量进行了对比。结果发现两个系统所含有的甲基苯醌的相对量并没有明显的差异。这项实验结果也证明了鲁库斯通教授"延长系统的体内含有更多甲基苯醌"的假设是错误的。

关键在于被
袭击时的反应

那么，会不会关键并不在于体内的甲基苯醌含量，而在于遭到敌人袭击时释放出的甲基苯醌量呢？或许延长系统的赤拟谷盗在遭到敌人袭击时能够释放出更多的甲基苯醌。因为我不确定是否能够测量释放到空气之中的化学物质的含量，于是再次找到农业化学的教授询问。

对方很痛快地回答"这也能测"。我没想到这样竟然也可以，农学部真的是藏龙卧虎之地，我心中对于自己能够身处这样的环境充满了感激之情。对于自己不了解的领域，最好的解决办法就是请求他人的帮助，虽然这样做可能会被人说是投机取巧，但总好过因为不了解而一直停滞不前。

我又去捕捉了很多花哈沙蛛，保证有足够的雌性花哈沙蛛用来做实验。实验方法如下。将赤拟谷盗和花哈沙蛛同时放入一个直径12mm、高40mm的圆柱形玻璃瓶中。用封口膜将瓶子盖住，然后在蜘蛛袭击甲虫的一瞬间，将一个能够吸附空气中化学物质的纤维棒透过封口膜插入玻璃瓶中。让纤维棒吸收其中的空气5分钟 (★4-1)。随后用气相色谱仪测量吸附在纤维棒上的物质含量，对比延长系统和缩短系统的甲虫在遭到敌人袭击时释放出的甲基苯醌量。

用封口膜密封

纤维棒

蜘蛛在抓住赤拟谷盗之后，往往会先将其放开一下，观察对方的情况

★4-1　检测遭到蜘蛛袭击时赤拟谷盗
释放出的化学物质的含量的实验

我们发现了一个很有趣的结果。在甲虫利用假死躲避捕蝇蛛袭击的时候，甲虫绝对不会因为攻击的刺激而释放出甲基苯醌。这一点不管是延长系统还是缩短系统都一样。但在蜘蛛多次袭击甲虫，并终于将甲虫吃掉的时候，甲虫才会释放出甲基苯醌。这说明甲基苯醌对于躲避捕食者的攻击没有任何作用。我又查阅了过去的文献资料，发现赤拟谷盗释放的甲基苯醌具有灭杀在密闭空间中同居的蛾子幼虫和苍蝇的效果，但这种只有在自己死后才能释放出来的物质究竟有什么意义呢？关于这个问题，还有待今后的研究来解答。

总之不管怎样，上述实验证明了鲁库斯通教授的假设和我的猜想全都是错误的。但对于别人发出的挑战，只给出否定的回答我认为是远远不够的。那么，我怎样才能找到赤拟谷盗假死的真正意义并整理成论文，完美地解答鲁库斯通教授的疑问呢？事实上，对于2004年发表的数据，我自己也有一些疑问。在我思考上述问题的时候，心中的这个疑问也越来越大。

请大家回忆一下第三章中的内容，"缩短系统中幸存下来的数量是14只中的5只，延长系统中幸存下来的数量是14只中的13只"。不管延长系统还是缩短系统，对捕食的回避率都不是100%，我对这一事实充满了不安。

遇到无法解释的问题
就回到原点

如果假死能够完美地躲避捕蝇蛛的攻击，那么延长系统的所有个体都应该存活。另外，在不会假死的缩短系统之中，竟然也有5只个体幸存了下来。

即便两者都存在统计学上的误差，但这种结果还是让人无法接受。为什么假死不能完美地躲避捕食者的攻击呢？我心中的疑问越来越大。

当遇到无法解释的问题时就回到原点进行实验。这是科学研究的铁则。于是我把自己关在饲育昆虫的恒温室里，反复观察捕蝇蛛捕食赤拟谷盗的全过程。终于，我发现了一些线索。

捕蝇蛛只对会动的猎物产生反应，如果赤拟谷盗一动不动的话，捕蝇蛛就不会有任何反应。我在进行观察的时候，偶尔会有学生进入恒温室并从培养皿旁边经过。捕蝇蛛会对学生的行动产生反应，转向学生经过的方向，而对一动不动赤拟谷盗失去兴趣。

在发现了这一点之后，我又重新设想了赤拟谷盗与捕蝇蛛在野外遭遇的情景。因为我意识到，在野外根本不可能出现像实验室里这样，捕食者与被捕食者一对一遭遇的情况。

赤拟谷盗是独自生活在谷仓之中的吗？不，答案是否定的。它们会在大米和面粉中不断繁殖，很快就会形成一个由大量个体组成的集团。我在2004年发表的研究结果，是在捕食者与被捕食者一对一的情况下进行的。那个实验的环境与它们的实际生活环境完全不同。我当时竟然没有发现这么明显的问题。

于是我在培养皿中放入了延长系统和缩短系统的成虫各一只（创造出有多个赤拟谷盗存在的环境），然后再放入捕食者花哈沙蛛。这样就创造出了更接近野外情况的环境。和之前的实验一样，延长系统的赤拟谷盗在遭到袭击之后立即一动不动地假死。蜘蛛继续观察了一会儿假死的甲虫，但很快就被另外一只还在四处走动的缩短系统的甲虫吸引了。

于是蜘蛛将注意力从眼前一动不动的猎物转移到四处行动的甲虫上。只见蜘蛛敏捷地转过身，眼睛也紧紧地盯住四处行动的猎物。当猎物再一次靠近它的时候，蜘蛛突然向其发动了袭击。缩短系统的赤拟谷盗不会假死，所以即便遭蜘蛛的攻击也只能拼命地挣扎和逃窜。而蜘蛛当然不会放过眼前的猎物，在经过几番猛烈的攻击之后，缩短系统的赤拟谷盗成了蜘蛛的盘中餐。

而就在蜘蛛饱餐一顿的时候，延长系统的赤拟谷盗则从假死中苏醒了过来，就好像什么都没有发生过一样迅速地从现场逃离了。我将这个实验重复了许多次，每次都是同样的结果。

"一二三木头人"

我又从野外捕捉了19只雌性花哈沙蛛，将其与1只延长系统和1只缩短系统的赤拟谷盗放在一起，进行了19次捕食实验。被饿了好几天的蜘蛛在19次捕食实验中全都吃掉了缩短系统的甲虫，延长系统的甲虫则全部存活。

赤拟谷盗在自然界中是群体生活的。当遭到捕蝇蛛袭击的时候，对于赤拟谷盗来说就像是我们小时候玩过的一种游戏"一二三木头人"。首先，进入谷仓的蜘蛛发现了群体生活的赤拟谷盗。当蜘蛛袭击一只甲虫的时候，这只甲虫因为遭到袭击而一动不动地假死。在这个时候，肯定有其他的赤拟谷盗在周围活动。捕蝇蛛的注意力自然会被移动的猎物吸引。而在不会假死的甲虫被蜘蛛捕食的时候，利用假死从袭击中逃脱出来的甲虫则会苏醒过来逃之夭夭。困扰我许久的疑问终于解开了。

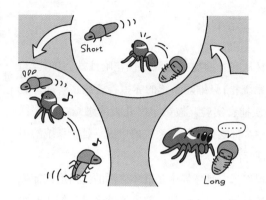

利己的诱饵——
群体生活的好处

解开心中的疑问之后，我再次前往谷仓观察。结果发现生活在其中的害虫不只有赤拟谷盗，还有锯谷盗、鲣节虫、烟甲虫等甲虫以及螟蛾的幼虫。这样一来，即便会假死的赤拟谷盗身边没有不会假死的同类，也会有其他昆虫，只要赤拟谷盗假死，就能摆脱蜘蛛等捕食者的袭击。

为了验证上述假设，我又进行了实验。这次我将延长系统的赤拟谷盗和它的近亲杂拟谷盗各一只放入培养皿，然后又放了一只野外捕捉到的花哈沙蛛。结果蜘蛛每次吃掉的都是杂拟谷盗。而将不会假死的缩短系统的赤拟谷盗和杂拟谷盗放在一起的时候，蜘蛛吃掉二者的概率是一半对一半。我重复了20次上述实验都得到了相同的结果。

实验的结果证明，对于和其他昆虫生活在一起的赤拟谷盗来说，只要在假死时旁边还有其他活动的个体，自己就能逃过一劫。换句话说，假死的昆虫是"用牺牲其他昆虫的方法保住自己的性命"。群居的生物才能够最大限度地发挥假死的威力。

2009年，我将上述实验结果整理成一篇名为《突然一动不动的利己的诱饵，能够通过牺牲他者保全自己的性命》的论文，发表于英国皇家学会的期刊上。当时期刊的编辑对这篇论文很感兴趣，而这位编辑正是鲁库斯通教授。

从利己的角度出发理解假死，给全世界的科学研究者们提供了一个全新的思考方向。同年，美国的科学杂志《科学》的网络版也发表了一篇介绍这一实验结果的文章。

少数派的好处

虽然谷仓里也有捕蝇蛛，但根据我的经验，50个谷仓之中大概只有几个有捕蝇蛛。而且就算有捕蝇蛛，也就能看到一两只的程度。当然，也有我去谷仓的时候没发现，但实际上存在捕蝇蛛的情况。也就是说，我要想对有捕蝇蛛的场所和没有捕蝇蛛的场所的赤拟谷盗的行为进行对比，基本上很难做到。

就在这个时候，我想到了赤拟谷盗的另一个天敌，一种叫谷仓猎蝽的捕食性昆虫。日本的这种昆虫大多分布在冲绳地区。于是我直接给冲绳县的几家谷仓打去电话，请他们帮忙调查一下谷仓里的昆虫情况。冲绳岛和石垣岛的十几家谷仓接受了我的调查委托。但他们都在谷仓里发现了赤拟谷盗，却没有发现谷仓猎蝽。我经过多方调查和问询，终于意识到有谷仓猎蝽存在的谷仓少之又少。

后来我听人介绍，说有一家谷仓能采集到谷仓猎蝽，于是我直接给这家位于冲绳岛的谷仓公司打去电话。一般情况下，食品公司的人对调查自己公司谷仓之中的昆虫这种事情是非常抗拒的。这个时候，我之前在冲绳的人脉就发挥作用了。在这家公司里，有一个琉球大学农学部的毕业生。这个人刚好是我朋友的朋友。

在朋友的介绍下，我成功地得到了这家谷仓公司的许可，能够在公司员工的陪同下去广利采集昆虫。我进到谷仓里面一看，无数的赤拟谷盗和无数的谷仓猎蝽在面粉的上面爬来爬去。这就是我要找的最理想的环境。

我当即采集了许多赤拟谷盗和谷仓猎蝽。然后将与谷仓猎蝽生活在一起的赤拟谷盗和单独生活的赤拟谷盗分别饲育，对两者的假死行为进行比较。

结果发现，与谷仓猎蝽生活在一起的赤拟谷盗平均能够假死40秒左右，而单独生活的赤拟谷盗的平均假死时间只有5秒左右。

这个实验结果表明，在野外与许多捕食者生活在一起的赤拟谷盗更容易通过自然选择获得假死这个特性。

而经过野外的自然选择，几个世代之后集团内能够假死的个体所占的比率也会发生变化。也就是说，上述实验结果间接地证明了假死是进化而来的特性。

关于上述实验还有后续内容。

面对捕蝇蛛假死，
面对猎蝽僵直

正如第一章中提到过的那样，不管是兔子还是昆虫，在面临捕食者的袭击时都会做出一系列的防御反应。比如小型哺乳动物和昆虫，在捕食者接近的时候会先一动不动地僵直，如果捕食者继续靠近过来，它们就会突然反击或者逃走。但在意识到没有逃跑机会的时候，它们就会摆出独特的姿势假死，甚至还有像蛇和负鼠那样在假死的同时释放出恶心气味的情况。

目前，全世界的研究者普遍认为，在动物为了躲避捕食者而做出的一系列回避行为之中，首先采取的对策是"僵直"，而最后的手段则是"假死"。假死在英文中有时候叫"Last resort"（最后的手段）就是这个原因。鲁库斯通教授也认同这个说法。一直以来我也认为，"能假死的昆虫在危急关头一定会假死"。

我一直用花哈沙蛛作为捕食者进行捕食实验，但后来为了便于学生们写毕业论文，我让学生们使用更容易累代饲育的谷仓猎蝽作为捕食者进行捕食实验。2014年的时候，我忽然想到了一个让实验更进一步的方法。一直与谷仓猎蝽生活在一起的赤拟谷盗和单独生活的赤拟谷盗，假死的频率是否会发生变化。

我将这个想法告诉了学生们，和他们一起制订了缜密的实验计划，我们饲育了8代与猎蝽共同生活的赤拟谷盗，同时也饲育了8代单独生活的赤拟谷盗，然后对这两个集团的生存战略进行了对比。但结果显示，与谷仓猎蝽共同生活的赤拟谷盗，不管哪一代都没有表现出假死频率增加的进化反应。准备以此为课题写毕业论文的学生们，也只能注明"与谷仓猎蝽共同生活的赤拟谷盗，躲避捕食者的战略没有发生任何变化，这可能是因为用来进行实验的世代数太少"。但经过8代的饲育没有发生任何变化，这还是让人感到有些不可思议。

有一次，我准备仔细观察一下被谷仓猎蝽袭击的赤拟谷盗会产生什么反应。结果发现了一个令人震惊的事实。这是发生在2021年初春时的事情。我发现赤拟谷盗即便在可能遭到谷仓猎蝽袭击的时候也不会假死。缩短系统的赤拟谷盗不假死倒是情有可原，但就连延长系统的赤拟谷盗也不会假死。

那么，延长系统的赤拟谷盗怎么躲避谷仓猎蝽的捕食呢？答案是在谷仓猎蝽靠近的时候一动不动，静静地等待谷仓猎蝽走开。为了验证这个意料之外的结果，我又准备了20只延长系统的赤拟谷盗，一只一只地将它们与谷仓猎蝽放到一起。但这些赤拟谷盗无一例外全都僵直一动不动，有的会小心翼翼地慢慢移动，等待谷仓猎蝽自己走开。总之没有一只假死（★4-2）。

此外，我又测试了通过育种培养出来的杂拟谷盗

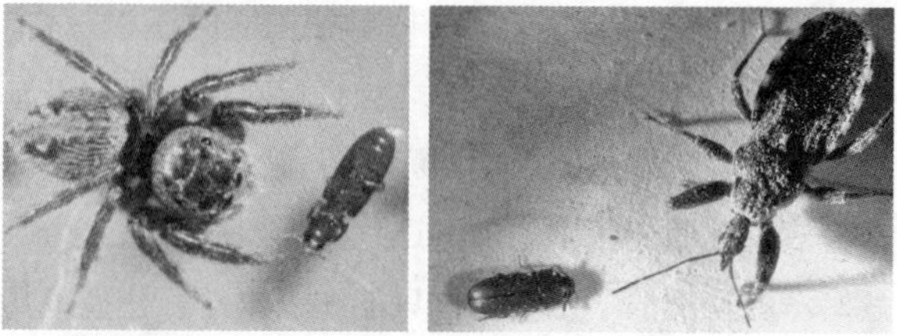

★4-2　根据不同的敌人变更战术：遭遇捕蝇蛛时假死（左），遭遇谷仓猎蝽时僵直（右）

的延长系统，在20次实验中，大约有一两次，谷仓猎蝽会靠近到杂拟谷盗的身边。但在这个时候，谷仓猎蝽会忽然翻倒在地。这可能是因为杂拟谷盗释放出了体内的有毒物质甲基苯醌。而这种情况在花哈沙蛛作为捕食者的时候一次也没出现过。

我认为之所以会出现这种差异，可能是因为捕蝇蛛的袭击产生的刺激和谷仓猎蝽的袭击产生的刺激不一样。但不管谷仓猎蝽对赤拟谷盗进行怎样的刺激，哪怕要将其吃掉，延长系统的赤拟谷盗也一次都没有假死过。

体长不到5mm的小小甲虫，竟然能够根据不同的敌人采取不同的回避战略。在被追击型捕食者捕蝇蛛袭击的时候选择假死，而被伏击型捕食者谷仓猎蝽袭击时则选择僵直。这和本节开头提到的“不管遇到什么敌人，都首先选择僵直，最后选择假死”的应对顺序不同，证明假死不一定是“最后的手段”，可以说是颠覆了假死研究界的常识。这一研究结果在2022年新春发表于《生态学与进化》杂志上。媒体对此的介绍是"演技派的赤拟谷盗"。

这样一来，"为什么赤拟谷盗在面对谷仓猎蝽的袭击时不会假死"就成了当前需要解决的最新课题。在找不到原因的时候，最好的办法还是回归原点，对生物的行动进行仔细的观察。我认为这才是找到真正答案的方法。

在只要调查基因组就能搞清楚组成生物的全部机制的时代，回归原点、用眼睛观察反而更加重要。

关键在于行动

看到这里，或许会有读者感到奇怪。因为前面说过，"在野外与谷仓猎蝽一起生活的赤拟谷盗，与单独生活的赤拟谷盗相比，假死的时间更长"。

关于这个问题，我将在下一章中做详细的解答。总之与赤拟谷盗的行动速度有关，会假死的延长系统的赤拟谷盗的行动速度比较缓慢，而不会假死的缩短系统的赤拟谷盗的行动速度则比较敏捷。假死与"行动"之间存在遗传上的相关关系。简单说，能长时间假死的延长系统的甲虫的行动速度非常慢，所以遭遇伏击型捕食者谷仓猎蝽的频率也比较少。而缩短系统的甲虫的行动速度很快，所以总是会遭遇伏击型捕食者谷仓猎蝽。

　　缩短系统行动迅速，延长系统行动缓慢。这种假死与行动速度之间的遗传相关关系，在谷仓猎蝽作为捕食者的情况下，是延长系统的赤拟谷盗存活率更高的关键。我将在第五章中为大家详细介绍假死与活动性的遗传链接。这与被我们的研究团队称为"假死综合征"的现象也息息相关。

Chapter 05
身体内部发生了什么？

2003年的初夏，当时我已经针对甲虫的假死持续时间育种了两年左右。忽然有一天，负责育种实验的学生来到我的房间说道："老师，幼虫像树枝一样僵直了。"我感到非常奇怪，于是跟他前往实验室，用画笔对延长系统的赤拟谷盗幼虫施加刺激。结果幼虫果然身体僵直。看起来就像能拟态成树枝的尺蛾幼虫一样，呈棒状一动不动。但这就让我有点搞不明白了。我们是通过对成虫进行刺激，选出能够假死的个体和不能假死的个体，然后才开始育种的。我们从没对幼虫进行过任何刺激。

我的脑海中忽然浮现出了一个疑问。甲虫是从幼虫到成虫之间还有蛹这一形态的完全变态昆虫。难道假死是在变态后也仍然保留的行为吗？如果这个假设成立的话，在赤拟谷盗的体内一定有某种物质，在其发育的每一个阶段都发挥着使其身体僵直的作用。我对赤拟谷盗体内这个能够控制假死持续时间的物质，也就是假死的具体机制产生了浓厚的兴趣。

控制行动的物质

因为我没有与生理学相关的知识，所以只能去找冈山大学理学部昆虫生理专业的教授请教。我想了解一下是否有能够控制昆虫活动行为的物质。

这位教授长着花白的胡子，被学生们称为仙人。

我小心翼翼地提出了自己的疑问，教授则很痛快地回答说："能够让昆虫行动活跃的物质有章胺、多巴胺、酪胺等，让昆虫行动迟缓的物质是5-羟色胺，这些都是被称为生物胺的神经递质，能够控制昆虫的行动。"当时是2003年的秋季。

第二年春天，在京都召开了一场有许多昆虫学者参加的学会。学会上发表了几个与昆虫多巴胺相关的研究报告，其中一个关于测量在蜜蜂大脑内发现的生物胺含量的报告引起了我的关注。既然能测量蜜蜂大脑内生物胺的含量，那么是否也能测量赤拟谷盗大脑内的生物胺含量呢？

在演讲结束后，我立即找到了那位研究者，开门见山地说道："您能帮我测量一下在不同系统的赤拟谷盗大脑中发现的生物胺的含量吗？"

研究者这样回答道："生物胺存在于昆虫的大脑之中，你说的这个赤拟谷盗体积有多大？（在听完我的回答后）这太小了，测量非常困难。"

被陌生人提出这样的难题，现在回忆起来，当时对方做出这种回答也是很正常的。不过那位研究者又继续说道："对于不知道是否存在的物质，很难直接去测量。不过你可以试一试将几种生物胺注射到昆虫的体内，测试一下是否有效果。"

参加完学会回来之后，我立即与研究室里的学生们说起了这件事，他们也表现出浓厚的兴趣。于是我们开始着手进行对延长系统的成虫注射生物胺的实验。选用的生物胺就是之前提到过的章胺、多巴胺、酪胺和5-羟色胺。这些生物胺都能买到，只需将其磨成粉末溶入水中，然后用很细的针管在显微镜下注入昆虫腹部的关节之中即可。

我当时已经老眼昏花，这项工作对我来说非常困难，但对学生们来说却很简单，他们顺利地给参与实验的甲虫分别注射了生物胺和用于对照的纯净水，然后测量这些甲虫的假死持续时间。结果发现，注射了章胺、多巴胺和酪胺的成虫，假死的持续时间变得非常短。接下来学生们调整了生物胺的浓度，发现在多巴胺含量为1%、5%和10%的时候，假死的持续时间越来越短。

在大脑里面吗？

根据上述实验结果，可以推测出多巴胺与假死持续时间存在关系。我将这个实验结果告诉给了一年前在学会上见到的那位研究者，他很快回复"那我对昆虫的大脑解剖看看吧"。这位研究者就是佐佐木谦博士（现在任玉川大学教授），当时是金泽工业大学的教师。于是我立即将"受到刺激也不假死，平时行动很活跃的缩短系统"与"受到一点刺激就长时间假死的延长系统"的赤拟谷盗用快递寄了过去。

赤拟谷盗是身长只有4mm的小甲虫。将这种小甲虫的头部切开，将大脑取出后的模样如（★5-1）所示。2005年10月30日，我前往位于金泽的佐佐木博士的研究室，在显微镜下看到了博士解剖的甲虫大脑。我对日本竟然有技术如此高超的科学家感到由衷的赞叹。

　　随后，我收到博士发给我的用液相色谱仪（一种检测化学物质含量的仪器）检测出的结果（★5-2），两个系统之间的差异可以说是一目了然。在缩短系统的大脑中发现了许多的多巴胺，而在延长系统的大脑中发现的多巴胺却非常少。我们将检测结果整理成论文，于2008年发表在国际动物行为学杂志上。从那以后，我一直和佐佐木博士共同研究。

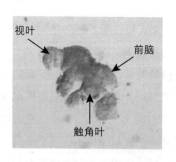

视叶
前脑
触角叶

★5-1　取出的赤拟谷盗大脑（照片提供：佐佐木谦）

佐佐木博士又对甲虫大脑中的章胺、酪胺、5-羟色胺的含量进行了检测，结果发现在延长系统和缩短系统的个体大脑中，这些生物胺的含量没有明显差异。我们似乎已经很接近真相了，于是我又想到了一个实验。

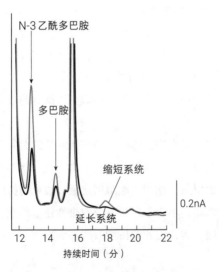

★5-2　不同系统个体大脑内多巴胺的含量

昆虫喝咖啡之后
也会感到兴奋

多巴胺是能够使人感到兴奋的物质，而某种物质具有促进多巴胺分泌的功效。没错，这个物质就是咖啡因。咖啡和茶里都含有这种物质。如果给能够长时间假死的赤拟谷盗服用咖啡因的话，是否可以让它兴奋起来不再假死呢？

我立刻给赤拟谷盗喂食了咖啡因粉末。虽然写出来只有这么简单的一句话，但实际上要让甲虫吃下咖啡因也需要花费一番工夫。首先，我将咖啡因溶于水中，然后用脱脂棉球蘸水给甲虫喝，但甲虫根本不喝。于是我在水中加了一些砂糖，又用棉球蘸起喂给甲虫，这次赤拟谷盗的成虫全都拼命地喝了起来。这样一来，我就可以对喝了咖啡因加砂糖水的赤拟谷盗与只喝了砂糖水的赤拟谷盗的假死持续时间进行对比了。

实验的结果表明，咖啡因对假死的持续时间有影响。这个结果与我的预想一样，本来应该一动不动的延长系统的甲虫，在服用咖啡因之后，假死的持续时间变得非常短。不管是延长系统的雄性还是雌性，在服用咖啡因之后，假死的持续时间都缩短到了之前的1/10。

就连昆虫在服用咖啡因之后都会变得兴奋起来。

最近，我开始让学生们调查雄性赤拟谷盗在服用咖啡因之后的求爱行为是否发生变化。因为既然咖啡因具有缩短假死持续时间的效果，那么对昆虫的其他行为一定也是有影响的。

研究结果表明，服用了咖啡因的雄性赤拟谷盗与没有服用的雄性相比，从进入容器后到开始向雌性求爱之间的时间更短，与雌性相遇后会更快伸出交尾器。也就是说，服用咖啡因能够加快一系列求爱行为的速度。我又用黑色的突变系统进行了测试，让服用咖啡因的雄性和没有服用咖啡因的雄性与一只雌性交配，观察哪一只雄性的精子能够使雌性成功受精，但结果显示咖啡因对精子的受精能力没有任何影响。不过，咖啡因对昆虫的交尾行为有影响这是全新的发现。2020年秋，欧洲的动物行为学杂志发表了我们的研究成果，许多媒体也报道了这件事。关于咖啡因对昆虫的影响，今后还需要更进一步的研究，接下来让我们回到假死的话题上来。

多巴胺、多巴胺、多巴胺

进入2010年之后，基因组研究领域的第二代测序技术引起了我的关注，2015年初夏，佐佐木博士联系到我，说东京农业大学有一个叫生物资源基因组解析中心的部门，正在公开征集与昆虫基因组解析相关的共同研究课题。他提出用延长系统与缩短系统的基因组对比作为研究课题参与。因为2008年的时候，赤拟谷盗的全部基因组都已经被美国的研究团队公开。所以当时可以说正是对与假死有关的遗传基因展开研究的绝佳时机。

基因测序技术指的是从生物样本中提取出遗传基因组，然后将其按照相同的间隔切割成片段并排列，组成一个基因库。基因测序仪可以解读遗传基因片段。被解读的遗传基因片段就是核苷酸序列的信息。那么问题就来了，接下来需要人工通过程序在电脑里将所有的信息联系起来。对于熟练使用电脑的人来说，这项工作并不难，但对我来说就不行了。

因为赤拟谷盗的所有基因组信息都已经被公开，所以可以通过重测序的方法对参考基因组进行差异性分析。这是非常大的优势。当初选择赤拟谷盗的好处终于在这个时候体现出来了。

我和佐佐木博士提交的研究申请顺利通过。2015年11月，我前往基因组解析中心所在的东京经堂，与解析中心的教授们一起展开了研究。随后，我将赤拟谷盗延长系统和缩短系统的样本发送给了当时已经在玉川大学任教的佐佐木博士。博士从这些赤拟谷盗中提取出RBA，又发送回基因组解析中心。中心的研究院利用基因测序仪对样本大脑的RNA-seq进行了解析。也就是对赤拟谷盗大脑中的mRNA含量进行了全面的检测，对比延长系统与缩短系统的RNA含量。

解析的结果如下。在会假死的延长系统和不会假死的缩短系统中，共检测出了518个不同的遗传基因。原本是在同一个集团中选出来的昆虫，经过十几年调整假死持续时间的育种，就出现了这么多遗传基因上的差异。此外，在两个系统中存在于酪氨酸代谢途径上的与多巴胺相关的遗传基因组，也有着巨大的差异。

果然是多巴胺！

接下来，我们又对两个系统不同酪氨酸代谢途径上的多个酶的遗传基因的相对发现量进行了定量PCR分析，对比个体间的DNA量。结果与预想的一样，不同系统之中与酪氨酸代谢相关的多巴胺遗传基因的含量有明显差异。

上述检测结果证明了假死与不假死的行为差异，取决于大脑中多巴胺的含量。这也是全世界第一次在基因层面上的证明。

因为是世界首次，所以我们立即将一系列的分析结果投稿给开放存取期刊《科学报告》，于2019年公开发表。同样内容的论文也发表在大学出版的学报上，标题为《全世界首次发现控制假死的遗传基因组！揭开法布尔关注的假死机制》。

因为世界上除了我之外没有人进行假死的相关研究，所以也没有人去分析与假死相关的遗传基因组，这样一来我进行的一切研究都是全世界首次，也算是一种幸运吧。

昆虫的行走轨迹

在对控制假死的遗传基因进行解析的同时，有几位理工科的研究者邀请我进行共同研究。这件事的起因是我在冈山大学主办的学习会。2007年的时候，有两位来参加学习会的研究者（一位是研究蚂蚁的科学家，另一位是理工科研究机器人的科学家），在会后的恳谈会上与我成了朋友，后来以他们二人为中心开发了一个能够测量昆虫自由行走轨迹的机械装置，并且二人组建了一个共同研究小组。2015年的时候，我也受邀加入了这个共同研究小组。

在第三章中，我提到绿豆象的缩短系统比延长系统的行动更加活跃，这一点在赤拟谷盗身上也是成立的。

在我刚开始对赤拟谷盗的假死持续时间进行育种之后不久的2004年，我在对育种的昆虫进行观察时就发现，与延长系统的昆虫相比，缩短系统的昆虫的行动更加活跃。但只有主观上的感觉，没有客观的测量数据并不能发表论文。我必须要测量昆虫们的行动数据才行。这可不是一件容易的事。一开始我让学生们将昆虫放在纸板上，观察昆虫行走的轨迹，然后测量行走的距离。但昆虫行走的轨迹毫无规律，学生们根本没有办法测量行走的距离。于是我找到在冲绳工作时结识的农林水产省的研究者们，向他们借了一台叫彩色追踪器的设备。这个机械装置可以拍摄昆虫在培养皿中的行走轨迹，然后通过软件对轨迹进行分析，计算出昆虫在一定时间内行走的距离。多亏了这台设备，我证明了缩短系统的成虫与延长系统的成虫相比，行动更加活跃。

但事后我忽然意识到，赤拟谷盗这种昆虫在培养皿中行动时，如果碰到玻璃壁的边缘，就会在那个地方停住。也就是说，这种昆虫喜欢角落，在抵达角落之后大多就不再移动了。即便用彩色追踪器能够对不同系统的昆虫一定时间内的行走距离进行比较，但无法将不同系统成虫的动作，也就是行走方法上的差异详细地数值化。

不会假死的集团总是在不停地行动，能假死的集团则总是一动不动地待在原地。而且我通过观察发现，两者在行走时存在明显的差异。但我之前的研究都是将昆虫放在培养皿中测量行走距离和活动量。考虑到赤拟谷盗喜欢角落的特性，这种测量方法得出的结果并不能让我信服。所以我必须找个方法让赤拟谷盗可以自由地行动，并且对其行动轨迹进行测量。

刚好就在这个时候，理工科的那两位研究者邀请我进行共同研究。他们设计了一个叫ANTAM的设备，可以通过这台设备分析蚂蚁的行走轨迹。

ANTAM是由理工科的藤泽龙介博士（九州工业大学）和水谷直久博士（京都产业大学）设计开发的设备，简单说就是一台适用于蚂蚁等小型昆虫的跑步机（★5-3）。这个装置的中心有一个球体，让昆虫站在这个球体上面。在球体上方有一个小型的摄像机，球体可以在

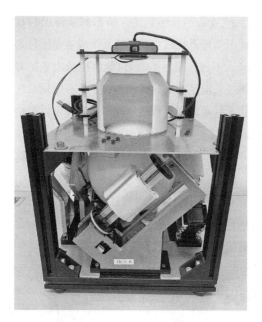

★5-3 ANTAM

计算机的控制下配合昆虫移动的方向转动。当昆虫向前方行走的时候，程序就会控制球体向后方旋转，当昆虫向后方行走的时候，程序则会控制球体向前方旋转，总之就是保持昆虫一直位于球体的顶点。有了这个设备，就可以在让昆虫自由行走的同时测量它的行走轨迹。

于是，我从2016年开始利用ANTAM测量延长系统和缩短系统成虫的行走轨迹。根据测量得出的数据，可以证明缩短系统成虫与延长系统成虫相比行走的距离更长。不过，虽然ANTAM能够测量出赤拟谷盗的行走轨迹，但是我要如何将延长系统与缩短系统之间不同的"行走方法"数值化呢？对此我可以说是毫无办法。

2016年9月，文部科学省开始公开募集"生物移动信息学"的实验项目。这是一个融合了工程学与生态学，研究如何对生物的移动信息进行分析的项目。如果参与到这个项目之中，不就能对赤拟谷盗的行走轨迹进行更缜密的分析了吗？

行走角度的差异

我申请了这个大型项目并成功入选，从2017年到2018年的两年间，我都十分荣幸地参与到了这个项目之中。我对此非常感激。

同期参与项目的还有大阪大学专门研究深度学习的前川卓也博士，他提出想用AI来分析一下赤拟谷盗不同系统的行走轨迹的数据。我当然不会拒绝。于是我将系统和轨迹的特性等数据交给他，拜托他利用AI对数据进行分析。

AI分析的结果让我发现了一个仅凭目测完全无法发现的事实，那就是延长系统与缩短系统的成虫，在改变方向的时候做出的动作存在差异。缩短系统的成虫在行走的时候总是会改变方向，但延长系统的成虫在行走时不仅速度缓慢，而且几乎一直保持直线。AI除了对赤拟谷盗的行走轨迹进行了分析之外，还对鸟、熊、老鼠等动物的步行轨迹也进行了分析，结果证明AI学习对分析动物的行动轨迹十分有效，这一研究结果也在2020年发表于一个叫《自然通讯》的英国电子科学杂志上。

拐弯时不减速

在这个项目之中，所有参加的研究者都有机会齐聚一堂展示各自的成果。前川先生在仔细查阅了人类、老鼠、线虫以及赤拟谷盗的移动信息之后，发现了一个共同点。

那就是所有4种动物的移动数据，都可以分为缺乏多巴胺的一类和不缺乏多巴胺的一类。前川先生开发的人工智能技术虽然无法根据行走数据分辨具体是哪一种动物，但能够根据行走数据的特征分辨出对象是健康的还是有疾病（缺乏多巴胺）的。也就是说，在利用人工智能对行走数据进行分析后，前川先生发现缺乏多巴胺的人类、老鼠、线虫和昆虫（赤拟谷盗），都存在拐弯之前无法平稳地降低速度的运动障碍。

对于延长系统的赤拟谷盗表现出来的运动障碍应该怎么理解呢？为了搞清楚这个问题，前川先生多次来到冈山大学，和测量行走数据的大学生们一起反复分析与观看赤拟谷盗行走轨迹的数据以及赤拟谷盗个体在设备上行走的影像。最终，我们证明了从线虫、昆虫、老鼠乃至人类，都存在缺乏多巴胺会对行动产生影响的机制。这项研究成果也在2021年被发表在《自然通讯》上。

控制假死的基因组

与此同时，关于遗传基因组的研究也在2021年取得了突破性进展。遗传基因组指的是包括我们人类在内的生物所拥有的全部遗传信息，也被称为"生命的设计图"。2019年，我们已经对赤拟谷盗延长系统和缩短系统的mRNA进行了分析。之后，我们与东京农大和玉川大学之间的共同研究也取得了巨大的进展。因为赤拟谷盗的所有基因组信息都已经被公开，所以可以根据这些信息对基因组进行解析，也就是前文中提到的重测序。

于是我们的团队（从事这项工作的基本都是东京农大的研究员）解读了赤拟谷盗延长系统和缩短系统的所有基因组上的DNA排序。然后将这些数据与数据库中没有经过人为选拔的赤拟谷盗的原始DNA排序进行了对比，结果发现延长系统中的多巴胺出现了许多的变异。此外，延长系统与缩短系统相比，在咖啡因、寿命系统、生物钟系统等基因组上也存在许多差异。

这些都是决定昆虫生活习性的重要遗传基因。虽然我们只是针对假死时间的长短进行育种，但实际上却引发了许多与"生物习性"相关的遗传基因发生了变化。我们将上述研究结果发表在英国的开放存取期刊《科学报告》上。

通过这项研究，我们又发现了一个全新的课题："在遗传基因中发现的变异，大多存在于假死持续时间比较长的延长系统之中，这个事实对于治疗人类的疾病是否能够有所帮助呢？"

对于生物的生存来说，"行动"是最关键的特性，也是生物生存的基础。生存战略、防御战略、繁殖战略中许多重要的特性，都与"行动"相关。正如第二章中提到过的那样，将"动"与"不动"作为表里一体的特性表现出来的假死，不管是在分子层面上，还是在肉眼可见的行动层面上，都非常重要。

假死研究与医疗

关于基因组的分析，直到现在（2022年夏）仍在继续。看到这里的读者或许已经注意到了。能够长时间假死的延长系统，平时大脑中的多巴胺非常少。但如果给其补充多巴胺，那么它们的假死持续时间就会缩短并开始行动起来。此外，延长系统的成虫，行走方式也存在异常，不能顺利地拐弯。

这种情况与发生在人类身上的某种疾病十分相似。想必大家已经发现了，就是帕金森综合征。我已经去世的母亲，晚年就深受帕金森综合征的困扰。照顾过母亲的我，经常会将母亲的帕金森综合征与延长系统的赤拟谷盗联系起来。

于是，我拜托共同研究者将赤拟谷盗延长系统和缩短系统的遗传基因与人类帕金森综合征的相关遗传基因进行对比。因为这项研究的结果尚未公开发表，所以我不能说得太详细，总之在延长系统之中存在许多与帕金森综合征相关的遗传基因变异。关于这项研究的结果，我正在整理为论文。

虽然不能简单地将人类与昆虫进行对比，但或许有朝一日，昆虫的遗传基因信息也能够为治疗人类的疾病做出一定的贡献。毕竟今后是基因编辑的时代。

假死综合征

让我们总结一下本章中介绍的实验结果。

通过对假死展开的研究，我们发现了以"假死←→活动量←→脑内多巴胺含量←→用多巴胺引发觉醒←→酪氨酸代谢系统←→帕金森综合征相关基因"这一控制生物行动的遗传基因为主轴的可以称为"假死综合征"的现象 (★5-4)。"综合征"指的是同时引发的一系列症状,也可以表示同时产生的现象。

通过在遗传层面上对假死进行调整,会引发生物行动的一系列变化,除了成长和繁殖等肉眼可见的行动变化之外,还有多巴胺和与帕金森综合征相关的遗传基因层面的变化。因此,我认为可以将这一系列的行为变化称为"假死综合征"。

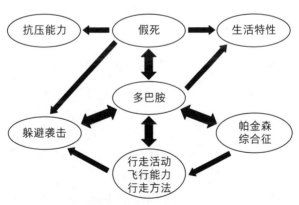

★5-4 以多巴胺为主轴的多项发现:假死综合征

行动与假死之间的联系，也已经得到其他昆虫和其他行动的证实。比如第三章中提到过的飞行能力。绿豆象会假死的个体不擅长飞行，不会假死的个体则很擅长飞行。这或许也可以算作是假死综合征的一种表现吧。

Chapter
06
什么时候
觉醒？

我在冲绳县工作的时候，有一位调查甘薯小象甲生态的研究员前辈对我说道："我看到甘薯小象甲在假死的时候被蚂蚁搬走了。"我当时不由得想到，原来假死也是有危险的。必须在一定时间之内从假死中醒来才行。那么，假死之后应该什么时候觉醒呢？这个问题其实早就有人研究过了。

昆虫也会跌倒？

最早提出假死和觉醒这个话题的人是法布尔先生。第一章中我也提到过，法布尔先生将一只体形稍小的大头黑步甲放在桌子上，使其假死，然后又在旁边放了一只体形较大的红缘绿天牛。就在体形较大的红缘绿天牛靠近大头黑步甲的一瞬间，体形较小的大头黑步甲一下子翻起身逃跑了。因此法布尔认为假死或许只是暂时的神经麻痹引发的行为。

在第三章中，我们已经了解了假死在进化上的意义。在这一章中，让我们一起来思考一下应该何时从假死中觉醒。

之前我就发现，如果用油性马克笔的笔尖靠近假死的甘薯小象甲，就会使其从假死中苏醒，反复多次之后会使甘薯小象甲即便在受到刺激后也难以苏醒，而是进入一种如同深度睡眠一般的长时间假死状态。但是我一直都没有找到将唤醒的强度定量化和数值化的方法。

就在这个时候，一直利用ANTAM对赤拟谷盗进行实验的研究员发现了一个问题。那就是在ANTAM设备上行走的成虫经常因为设备出现哪怕非常微小的振动而跌倒。而且这个现象常见于延长系统的赤拟谷盗。一开始我们认为这是ANTAM设备的问题，于是找到工程学专业的研究者永谷博士咨询这个现象。在我们通过网络交流的过程中，永谷博士提出"延长系统在ANTAM的球体上跌倒，会不会是因为感受到振动"的观点。这使得我们也开始认真思考这个问题，决定观察一下对赤拟谷盗施加振动的话是否会使其跌倒。于是我立即带着学生和研究员一起前往永谷博士所在的京都产业大学。

　　2017年7月20日，我们带着赤拟谷盗前往京都产业大学的水谷博士的研究室。我们一路搭乘电车和巴士，又爬上小山丘，来到研究室，抵达时每个人都大汗淋漓。水谷先生准备了一个在下方带有振动装置的培养皿。我们将带来的延长系统的成虫放在这个培养皿之中。

　　很快我们就看到了有趣的一幕。在只有20Hz的微弱振动刺激下，培养皿中假死延长系统的赤拟谷盗就开始在保持假死状态的同时平移。当振动强度增加到50Hz的时候，赤拟谷盗突然从假死状态中觉醒并开始移动。我们将带来的4只成虫都进行了实验，发现它们全都会在50Hz的振动刺激下觉醒并开始移动。

找到了！

只要使用能够长时间假死的延长系统的成虫，就可以用这种方法将唤醒的强度定量化和数值化。

意外收获

我来具体地说明一下。如果只是随便抓来几只甲虫并使其假死，然后通过施加某种强度的刺激来使其觉醒，无法判断其觉醒究竟是因为刺激，还是因为这个个体的假死时间很短，刚好在这个时间段醒来。但如果使用延长系统的个体，就可以做出正确的判断。

那么，应该如何改变振动的强度呢？身为工程学博士的水谷先生表示"非常简单"，然后对研究室里的研究生说道："可以把你的增幅器借我一下吗？"原来只要改变增幅器发出的音波 Hz 的强度，就可以改变培养皿的振动强度。

前面提到的20Hz和50Hz，就是像这样改变振动强度的。接下来只需要测量培养皿上下振动的幅度，就可以将甲虫所在位置的振动强度数值化。这就是所谓"找专业的人做专业的事"，对于研究生物行为的我来说，这完全是意想不到的收获。果然在遇到问题，自己怎么想也想不明白的时候，到现场去看一看非常重要。

我们拥有能够假死持续1小时以上的延长系统和

不管怎么刺激都不会假死的缩短系统的赤拟谷盗。而且这两个系统的赤拟谷盗还有各自单独育种的两个集团。

首先，我们通过延长系统对振动强度和假死觉醒之间的关系进行了定量的检测。然后，我们让延长系统与缩短系统成虫交配，对让子集团觉醒的振动幅度进行测量，这样就能搞清楚从假死中觉醒的"显性"与"隐性"。接着利用子集团交配产生的孙集团，还能测量出从假死中觉醒所需的振动强度。

这个将工程学与动物行为学相结合的全新研究，起源于"为什么甲虫会在ANTAM上面跌倒"的思考，以及工程学博士随口所说的一句话"延长系统在ANTAM的球体上跌倒，会不会是因为感受到振动"。最终，我们收获了两篇在国际上公开发表的论文。当我们一行三人带着实验结果从京都产业大学归来时，忍不住在北大路公交站旁的居酒屋喝酒庆祝了一番。

从假死中觉醒

回到冈山大学之后，我们立即制作了实验设备 (*6-1)，并且在饲育的系统中培养用于实验的成虫。在理工科的大学校园里听起来没那么明显的增幅器发出的声音，在回到我们所在的农学部校园之后就变成了非常大的噪声。为了降低噪声，我们又准备了一些橡

★6-1　增幅器（左下）、放在振动装置上的培养
皿（右下）、放昆虫的盒子（右上）、显示器显示
的振动波（左上）

胶垫，尽量不影响到周围的研究室。做好万全的准备
之后，终于要开始使用延长系统的成虫做实验了。我
们一边控制着用新设备做新实验的激动心情，一边将
振动装置放到喇叭上面。

　　我们将延长系统的赤拟谷盗成虫放在位于振动装
置上方的培养皿里，然后通过刺激使其假死。每次实
验都由包括我在内的三人进行，一个人负责刺激甲
虫，一个人负责调节振动装置，还有一个人负责做记
录 (★6-2)。振动从25Hz开始逐渐增强到40Hz、50Hz、
60Hz。

★6-2 实验时的情况。因为一直观察会使人感到疲惫，所以3个人轮流观察

每当调整Hz的时候，我们都会记录培养皿上下振动的幅度，将其作为表示振动强度的数值。在调查振动强度与假死觉醒之间的关系时，我们发现延长系统的成虫在振幅超过0.14mm（大约40Hz）的时候就会有个别的个体觉醒，当振幅超过0.2mm（大约50Hz）时，几乎所有的成虫都会觉醒。但当振动的强度增加到100Hz左右的时候，赤拟谷盗又不会觉醒了。

由此可见，要想让昆虫从假死中觉醒，需要拥有某个阈值的振幅。也就是存在一个最适合觉醒的振动区间。

然后我们又开始思考，这个觉醒的阈值，或者说

田 N

从假死之中觉醒的感受度，是否存在遗传上的基础。为了验证这一点，我们让延长系统与缩短系统成虫交配，产生出子集团，然后再让子集团产生出孙集团，检查它们觉醒所需的振动刺激阈值。我们前后总共使用了500只以上成虫进行观测实验。

在孙集团的成虫之中，从假死中觉醒所需的刺激强度完美地分散在0.001mm到0.5mm的区间之中。而且觉醒所需的振幅强度与假死的持续时间之间也存在完美的正相关关系。我们将上述一系列的实验结果整理成论文，以《振动刺激促使假死觉醒》为题发表在国际行为遗传学的专门杂志《行为遗传学》上。

不同种类的昆虫，觉醒所需的振动强度一样吗？为了验证这个假设，我们选择了赤拟谷盗的近亲杂拟谷盗和弗氏拟谷盗进行育种，成功地培育出了与赤拟谷盗相同的延长系统和缩短系统成虫。然后我们对这些甲虫的延长系统成虫从假死中觉醒所需的振动强度进行了检测。

结果发现杂拟谷盗需要大约0.25mm的振动强度，弗氏拟谷盗需要大约0.3mm的振动强度才能从假死中觉醒。为什么不同种类昆虫从假死中觉醒所需的振动强度不一样呢？虽然现在还不知道其中的机制与进化之间是否存在联系，但生活在野外环境中的弗氏拟谷盗的假死持续时间大约为3000秒，杂拟谷盗的假死持续时间大约为300秒，明显长于假死持续时间只有大约10～30秒的赤拟谷盗。由此可见，不同种类昆虫从假死中觉醒所需的振动强度不同，可能是由不同种类的昆虫假死的深度不同导致的。我们将上述不同种类昆虫的比较实验结果整理成论文，于2021年发表在动物行为学会杂志上。

正如第一章中提到过的那样，不同种类的生物，假死的持续时间也各不相同。比如在本书中第一个出现的甘薯小象甲，其野生个体的假死持续时间从几秒到几分钟不等。而同样是甘薯害虫的外来昆虫西印度甘薯象甲，野生个体的假死持续时间则长达几十分钟到1小时以上。顺带一提，野生赤拟谷盗的假死持续时间大约在1分钟到6分钟不等，主要取决于野外采集的地区差异。

法布尔先生也对不同种类甲虫的假死持续时间进行了测量，得出了不同种类昆虫的假死持续时间也不同的结论，并将其记述在《昆虫记》之中。为什么不同种类昆虫的假死持续时间也不同呢？这与从假死中觉醒所需的振动强度之间又有怎样的关系呢？要想找到上述问题在进化上的意义，或许必须对昆虫在野生环境下的生态进行彻底的调查。

野外生物的假死持续时间与觉醒时机是如何决定的呢？这也是我今后需要继续研究的课题。

随机的假死
持续时间最优?

2020 年,英国布里斯托大学的弗兰克斯博士等人,在位于英吉利海峡的英属根西岛上采集了蚁蛉的幼虫用来进行假死的研究。蚁蛉的幼虫俗称蚁狮,会在沙地上挖出地穴陷阱,等待毫无防备的猎物掉入其中,然后用尖锐的大颚刺入猎物体内将其消化,是非常凶猛的捕食者。不过如此凶猛的捕食者也有天敌,虽然在地面上看,蚁狮的陷阱非常危险,但对于在天空中翱翔的鸟类来说,蚁狮的陷阱反而成了最显眼的目标。只不过没想到以凶猛著称的蚁狮所采取的防御战略,竟然是如此消极被动的假死。

弗兰克斯博士研究蚁狮已经有 30 多年的时间,他在测量蚁狮体重的时候,发现这种昆虫一旦被碰触到就会一动不动,于是就用秒表测量其保持不动的时间,结果发现有的个体只能保持几秒钟,而有的个体能保持 61 分钟。但弗兰克斯博士并没有将其归类为假死,而是认为这是蚁狮为了隐藏自己而做的伪装,所以将其命名为"接触后不动"。

弗兰克斯博士还发现,对同一只蚁狮施加刺激,使其多次进入假死状态,但其每次从假死中觉醒所需的时间都是不一样的。于是他们开始思考,这种看起来毫无规律的假死持续时间,或许正是蚁狮躲避天敌捕食的生存战略的关键。

他们认为，如果假死的持续时间是固定的，那么天敌或许会掌握其中的规律。鸟类在抓住蚁狮之后，可能会不小心将其掉落。在这种情况下，如果掉落的蚁狮陷入无法预测持续时间的假死，那么对鸟类来说，放弃这个猎物继续寻找下一个猎物才是最有效的方式。

由此可见，如果蚁狮假死的持续时间太短，那么生存率就会大幅下降，但如果假死的持续时间太长又会影响效率，所以不可预测持续时间的假死才能保证最大的生存率。对于在野外采集的集体生活的昆虫来说，随机的假死持续时间是最佳选择。

今后对假死的研究

根据到目前为止的研究结果，假死和我们预想的一样，与生物的活动之间存在着联动的关系。生物拥有运动模式和静止模式。在运动模式时，遇到危险会逃跑或者反抗，而在静止模式时则会假死。决定生物是处于运动模式还是静止模式的关键则在于多巴胺。

我个人认为，今后对假死研究的重点之一，在于搞清楚被捕食者假死的频率以及假死的持续时间对于野外的捕食者有怎样的具体效果。要想搞清楚这一点，就必须搞清楚假死在野外环境下的实际情况，比如捕食者在捕食猎物的时候，什么样的刺激会引发假死，有没有最优的假死持续时间，在野外怎样的刺激会使假死觉醒，等等。目前还没有人在完全野外的条件下验证假死的实际效果。可能是因为这需要进行难度非常高的野外观察，对假死研究来说是非常难以解决的问题。

我之前一直以假死持续时间的长短作为育种的重点，但实际上假死前和假死后，体内多巴胺含量的差异也很重要。当我们调查假死昆虫的遗传基因时，都是先将昆虫抓起然后放入液氮冷冻固定，但昆虫在被抓住的时候就会假死，所以我认为应该想办法让昆虫在没有假死的状态下被冷冻固定。

从别的角度来说，将对假死的研究应用于造福人类的机会也绝对不应错过。现在就有人在研究利用害虫的假死行为来根治害虫的方法。比如针对果树的害虫，通过给树木增加振动，让树干上的昆虫受到刺激掉落陷入假死状态，从而有效地防治害虫。

此外，正如第五章中提到过的那样，通过对控制假死的遗传基因以及延长系统的行走方式进行分析，或许可以搞清楚不同种类生物之间存在的共同机制，这一研究将来或许还会对治疗帕金森综合征有所帮助。

关于假死这一行为在生物界中究竟渗透到了什么地步，还需要我们继续不断地发现，博物学的大门也将永远为所有人敞开。毕竟在广阔的生物分类之中，第一章中提到过的那些会假死的生物只占极少的一部分，即便是总共拥有31个目（分类单位，英文名为Order）的昆虫，有假死记录的也只有不到一半。其他种类的昆虫几乎没有受到人们的关注。如果你发现第一章中提到过的生物之外的任何生物也有假死的行为，那很有可能是值得公开发表的新发现。而且到目前为止，我们对于物种分化和假死行为与生物的进化过程是否存在联系还一无所知。

　　假死在动物的世界中随处可见，你要不要也来探索一下假死这个充满神秘的世界呢？人类对假死发起的科学挑战，现在才刚刚开始。

表／观察到有假死行为的生物分类群与种类

动物界	纲	目	阶段	出处
脊椎动物	哺乳纲	灵长目（人类）	成体	Abrams et al. 2009, Volchan et al. 2011
		灵长目（松鼠猴）	成体	Hennig 1978
		负鼠目（有袋类）	成体	Francq 1969
		鲸偶蹄目（猪）	成体	Erhard et al. 1999
		鲸偶蹄目（羊）	成体	Moore & Amstey 1962
		兔形目	成体	Giannico et al. 2014
	鸟纲	鸡形目（鸡）	成体	Gallup 1973
		雁形目（鸭）	成体	Sargeant & Eberhardt 1975
		鸡形目	成体	Thompson et al. 1981
	两栖纲	无尾目（青蛙）	成体	Eamalho et al. 2019, Toledo et al. 2010
	爬行纲	有鳞目（蛇）	成体	Gehlbach 1970，Burghard & Greene 1988, Greald 2008
		有鳞目（蜥蜴）	成体	Santos et al. 2010, Lipinski et al. 2022
	软骨鱼纲	真鲨目	成体	Whitman et al. 1986, Watsky & Gruber 1990
		鲈形目	成体	Kabai & Csanti 1978, Mckeye 1981, Tobler 2005
	硬骨鱼纲	颌针鱼目	幼体	Fitzsimons 1973, Yoshida 2021

动物界	纲	目	阶段	出处
无脊椎动物	鳃足纲	枝角目	成体	Yamada & Urabe 2021
	软甲纲	十足目（隆背张口蟹）	成体	Pereyra et al. 1999
		等足目（球潮虫）	成体	Moriyama 2004
	蛛形纲	蜘蛛目	成体	Quadros et al. 2012
		蜱螨目	成体	Bilde et al. 2006, Hansen et al. 2008
		盲蛛目	成体	Oyen et al. 2021
	昆虫纲	蜻蜓目	幼虫成虫	Gyssels & Stoks 2005 Khelifa 2021
		襀翅目	幼虫	Moore & Williams 1990
		长翅目	幼虫	石原（未发表）
		直翅目	成虫	Nishino & Sakai 1996, Honma et al. 2006
		竹节虫目	成虫	Godden 1972, Franks 2016
		脉翅目	幼虫	Sendova-Franks et al. 2020
		螳螂目	成虫	Edmunds 1972, Lawrence 1992
		半翅目（螳蛉蝽）	成虫	Holmes 1906
		半翅目（日拟负蝽）	成虫	Weber 1930, Ohba & Matsuda 2021
		半翅目（蝉）	成虫	Villet 1999
		半翅目（蜡蝉）	成虫	Kang et al. 2016

动物界	纲	目	阶段	出处
无脊椎动物		鞘翅目	幼虫	Miyatake et al. 2008, Matsumura et al. 2017
			成虫	Duport 1916, Chemsak & Linsley 1979
			成虫	Allen 1990, Oliver 1996, Miyatake 2001a, b
			成虫	Miyatake et al. 2004, Hozumi & Miyatake 2005
				Kuriwada et al. 2009, Spencer & Richards 2013
			成虫	Ritter et al. 2016, Konishi et al. 2020
				Li et al. 2019, Kudo & Hasegawa 2022
			成虫	
			成虫	
		鳞翅目	幼虫	Tojo et al. 1985
			成虫	Dudley 1989, Larsen 1991
		膜翅目	成虫	Holldobler & Wilson 1990, van Veen et al. 1999
				King & Leaich 2006,
			成虫	Cassill et al. 2008, Amemiya & Sasakawa 2021

后记

从我对甘薯小象甲的假死产生兴趣，到利用周末休息的时间对假死进行研究的20世纪90年代为止，还没有任何关于假死是否具有实际效果的科学研究以及具有统计学意义的定量数据。2004年，英国出版了一本关于应对捕食者的战略的教科书，书名叫《攻击回避——隐藏、警告、信号、拟态的进化生态学》。这是该领域时隔二十多年出版的相关书籍。但在这本书中并没有专门介绍假死的章节，只有大约两页的相关内容，介绍了还有一种叫作假死的防御战略。后来又过了十五年的2018年秋天，这本教科书出版了第二版修订版。其中追加了一个名为"Thanatosis"（假死）的章节。在这一章的开头写道："在第一版出版的时候，因为没有充分的资料，所以与假死相关的内容寥寥无几。但幸运的是这一状况发生了巨大的改观，在过去的十五年里，关于假死这一现象的研究比达尔文时期以来的任何一个时期都更加系统化和有目的性。"在过去十五年间，我可以负责任地说，我们进行的研究对推动假死相关研究的发展做出了一定的贡献。证据就是在这一章中应用了十篇我们发表的研究成果。当我看到这本教科书的最新版时，发现我们的研究竟然被收录进欧美的教科书之中，不由得非常感慨。

事实上，我并非只研究假死。在冲绳县任职的时候，我的主要工作是根治当地的害虫。进入大学工作之后，我也在推进利用昆虫的行为特性寻找害虫防治方法的相关研究。同时我也在开展繁殖战略、生活史进化、外来物种等领域的相关研究。这每一项研究，我都尽可能地与学生们一起找到其中的乐趣。与假死相关的研究，就是我开展的诸多研究课题的其中之一。可能有人认为同时开展这么多研究不便于集中精力，会影响研究的效率，但实际上这些乍看起来不同领域的研究，说不定什么时候就会有机会联系起来。

一直以来，研究的世界中就充满了竞争。每个人都在追求成为世界上第一个发现者。在充满挑战的领域与全世界的科学家竞争并成为第一个发现者，这确实非常了不起。但除此之外，也有不参与竞争，专心致志地在没有任何人研究的领域潜心钻研的研究者。

随着分子生物学的不断发展，如今生物学也成为大受追捧的研究领域，研究预算也比之前更加充足。我认为这种发展趋势非常好。但在研究资金的使用和分配上，"选择与集中"却成了关键词。这种思考方法会使研究失去多样性。人类的未来充满了未知，拥有多样化的知识，或许在关键时刻就能发挥出作用。我们除了要保护生物和生态系统的多样性之外，也必须保护研究的多样性才行。

经过我二十五年对假死坚持不懈的研究，如今终于与人类的行为和医疗的发展产生了一些联系。但实际上我在最开始进行研究的时候，完全没有考虑过这些事情，只是单纯地对昆虫的假死行为进行观察，思考隐藏在其中的意义。为什么我能坚持这么久呢？现在回忆起来，应该是我真的对研究假死乐在其中吧。

不仅是科学研究，我认为做任何事的关键都在于找到隐藏在其中的乐趣。不管是作为一名研究者，还是作为一名教师，如果自己不能乐在其中，就绝对无法将其中的乐趣传达给其他人。在使命感的驱使下展开研究固然非常重要，但读完本书的各位，对于从好奇心开始的研究也能为科学做出贡献这一点应该也能产生一些共鸣吧……这也是我的本意。

本书在创作过程中，得到岩波书店高野照子女士的大力帮助，在此表示衷心的感谢。

本书中提到的所有引用内容以及参考文献都可以在岩波书店的官方网站上查看。第二章开头有一部分内容与拙著《积极的雄性与消极的雌性的生物学》有重复，但因为这是介绍我为什么对假死展开研究必不可少的内容，所以无法删减，请诸位读者海涵。

宫竹贵久

2022年9月